Die in den Sitzungsberichten Abtlg. I und Abtlg. IIa der math.-nat. Klasse der Österr. Ak. d. Wiss. erscheinenden Abhandlungen werden auch einzeln abgegeben. Sie können durch jede Buchhandlung oder direkt durch die Auslieferungsstelle der Österreichischen Akademie der Wissenschaften (Wien I, Singerstraße 12) bezogen werden.

Nachfolgende Abhandlungen aus dem Fache **Botanik** (Biologie) sind erschienen:

1953 (S I Bd. 162):

Cholnoky B. J. v.: Beobachtungen über die Plasmolyse II. Zur Protoplasmatik der Staubblatthaarzellen von Tradescantia (mit 31 Textabbildungen). S 11.40

Cholnoky B. J. v., und Schindler H.: Die Diatomeengesellschaften der Ramsauer Torfmoore (mit 41 Textabbildungen). S 15.60

Hirn Ilse: Vitalfärbung von Diatomeen mit basischen Farbstoffen (mit 8 Textabbildungen). S 16.20

Huber Elfriede: Beitrag zur anatomischen Untersuchung der Antheren von Saintpaulia (mit 6 Textabbildungen). S 4.90

Lenk Ingeborg: Über die Plasmapermeabilität einer Spirogyra in verschiedenen Entwicklungsstadien und zu verschiedener Jahreszeit (mit 1 Textabbildung und 1 Tafel). S 20.—

Loub W.: Zur Algenflora der Lungauer Moore (mit 3 Textabbildungen). S 22.90

Wimmer Ch., und Höfler K.: Über die Eigenfluoreszenz lebender, absterbender und toter Florideenzellen (mit 3 Textabbildungen). S 9.60

Diskus A.: Vom Osmoseverhalten halophiler Euglenen vom Neusiedler See (mit 3 Tafeln). S 8.50

1954 (S I Bd. 163):

Kiermayer O.: Die Vakuolen der Desmidiaceen, ihr Verhalten bei Vitalfärbe- und Zentrifugierungsversuchen (mit 23 Textabbildungen), 48 Seiten. S 32.30

Loub W., Url W. Kiermayer O., Diskus A., und Hilmbauer K.: Die Algenzonierung in Mooren des österreichischen Alpengebietes (mit 1 Textabbildung und 3 Tafeln), 48 Seiten. S 26.70

Luhan Maria: Zur Wurzelanatomie unserer Alpenpflanzen III. Gentianaceae (mit 4 Textabbildungen und 1 Tafel), 19 Seiten. S 14.90

Poelt J.: Moosgesellschaften im Alpenvorland I (mit 3 Textabbildungen), 34 Seiten. S 15.10

Poelt J.: Moosgesellschaften im Alpenvorland II (mit 1 Textabbildung), 45 Seiten. S 26.50

Scheidl W.: Auslösung von Vakuolenkontraktion durch undissoziierte Basen (mit 12 Textabbildungen und 15 Diagrammen), 44 Seiten. S 28.—

Schiller J.: Über Cyanophyceen aus kleinen künstlichen Wasserbecken und aus dem Ruster Kanal des Neusiedler Sees (mit 17 Textabbildungen [49 Einzelbilder]), 31 Seiten. S 23.40

1955 (S I Bd. 164):

Hölzl J.: Über Streuung der Transpirationswerte bei verschiedenen Blättern einer Pflanze und bei artgleichen Pflanzen eines Bestandes (mit 8 Textabbildungen). S 40.—

Huber Elfriede: Vitalfärbungsversuche an Hochmooralgen mit leeren und vollen Zellsäften (mit 13 Abbildungen auf 3 Tafeln). S 36.40

Kiermayer O.: Über die Reduktion basischer Vitalfarbstoffe in pflanzlichen Vakuolen (mit 4 Tafeln und 1 Farbtafel). S 25.20

Loub W.: Algenbiozönosen des Neusiedler Sees (mit 9 Textabbildungen). S 22.—

Url W.: Resistenz von Desmidiaceen gegen Schwermetallsalze (mit 8 Abbildungen auf 2 Tafeln). S 23.—

Ziegler Annemarie: Die blau fluoreszierenden Idioblasten der Scrophulariaceen: Morphologie, Mikrochemie und Vitalfärbbarkeit (mit 19 Abbildungen im Text und auf 3 Tafeln). S 46.90

1956 (S I Bd. 165):

Abel W. O.: Die Austrocknungsresistenz der Laubmoose (mit 14 Abbildungen im Text und auf 5 Tafeln). S 73.30

Fetzmann Elsa Leonore: Beitrag zur Algensoziologie (mit 3 Textabbildungen, 4 Tafeln und 1 Beilage). S 73.60

Lenk Ingeborg: Vergleichende Permeabilitätsstudien an Süßwasseralgen (Zygnemataceen und einige Chlorophyceen) (mit 7 Textabbildungen). S 83.60

Sperlich A.: Die Fortpflanzungstüchtigkeit (Phyletische Potenz) des Fremdbefruchters. Nach Versuchen mit drei Formen des Alectorolohus hirsutus (Lam.) Alb. S 58.90

1957 (S I Bd. 166):

Politis J.: Über die „Tanninoplasten" oder Gerbstoffbildner der Crassulaceae (mit 2 Textabbildungen und 1 Tafel). S 6.—

Politis J.: Über einen neuen Pflanzenfarbstoff in den Blüten einiger Verbascum-Arten (mit 2 Tafeln). S 5.20

Übeleis Ilse: Osmotischer Wert, Zucker- und Harnstoffpermeabilität einiger Diatomeen (mit 1 Textabbildung).

ISBN 978-3-662-23204-0 ISBN 978-3-662-25206-2 (eBook)
DOI 10.1007/978-3-662-25206-2

Permeabilitätsstudien an Parenchymzellen der Blattrippe von Blechnum spicant[1]

Von Karl Höfler

Aus dem Pflanzenphysiologischen Institut der Universität Wien

Mit 5 Textabbildungen

Vorgelegt in der Sitzung am 12. Dezember 1957

Inhalt.

I. Einleitung.

Die Permeabilitätsforschung ist im verflossenen Jahrzehnt in eine Krise getreten. Man hat hervorgehoben, daß für die Kenntnis der aktiven, unter Energieleistung der Pflanze erfolgende Nährstoff-

[1] Zur Kenntnis spezifischer Permeabilitätsreihen IV. — Vgl. (I) Permeabilitätsstudien an Stengelzellen von *Majanthemum bifolium* (Zur Kenntnis spezifischer Permeabilitätsreihen, I). Sitzungsber. Akad. d. Wiss. Wien, math.-nat. Kl. Bd. 143, S. 213—264, 1934. — (II) Spezifische Permeabilitätsreihen verschiedener Zellsorten derselben Pflanze. Ber. d. d. bot. Ges., Bd. 55, S. (133)—(148), 1937. — (III) Unsere derzeitige Kenntnis von den spezifischen Permeabilitätsreihen. Ber. d. d. bot. Ges., Bd. 60, S. 179 bis 200, 1942.

aufnahme die Ergebnisse der älteren Permeabilitätsforschung wenig Bedeutung haben. Denn diese hatte die Penetration gelöster Stoffe durch das Plasma nach dem FICKschen Diffusionsgesetz zum Gegenstand, also einen Vorgang, der, ohne Arbeitsleistung der Zelle, „freiwillig" im thermodynamischen Sinn, zudem bei künstlich geschaffenen Versuchsbedingungen erfolgt. — Es besteht kein Zweifel, daß bei der Betrachtung des Gesamtphänomens der Stoffaufnahme und des Stofftransportes der Gegensatz zwischen nach dem Diffusionsgesetz erfolgender „passiver" Penetration und „aktiver" Speicherung bzw. Beförderung berücksichtigt werden muß, und viele Forscher sind geneigt, den Namen Permeabilität für die Bezeichnung der passiven Penetration zu reservieren (DANIELLI 1952). Auch COLLANDER (1957) stellt „permeability" (purely osmotic in nature) und „active transport" gegenüber. Vgl. auch HAAS 1955, S. 324f.

Permeation durch das Plasma ist behinderte Diffusion. Die Permeabilitätseigenschaften sind geeignet, das Plasma in physikochemischer Hinsicht zu kennzeichnen und allen leblosen Systemen gegenüber zu charakterisieren. Daß nicht die Stoffaufnahme der Zelle oder der vielzelligen Pflanze, sondern die Kenntnis des lebenden Protoplasmas das Ziel der Permeabilitätsforschung ist, war mir seit meinen frühesten Arbeiten auf diesem Gebiet recht klar (vgl. HÖFLER 1918b, 1931).

Bei DE VRIES, dem Begründer der Permeabilitätsforschung, findet sich der wenig beachtete Satz (1885, S. 540): „Über die Art der Aufnahme der Nährstoffe seitens der Protoplaste wissen wir so gut wie nichts. Daß die Anhäufung mancher Stoffe im Zellsaft nicht, wie man bisher annahm, auf Diffusion beruht, geht ohne weiteres daraus hervor, daß sie gar häufig aus einer verdünnteren zu einer konzentrierteren Lösung übergehen. Das Gesetz von der Erhaltung der Kraft fordert dabei Kraftaufwand, und dieser kann nur durch die Lebenstätigkeit des Protoplasmas geboten werden. Ich behalte mir vor, auf diesen Punkt in einem anderen Aufsatz zurückzukommen."

Die maßgebenden Forscher haben den von DE VRIES, OVERTON (Permeabilität und adenoide Tätigkeit), HÖBER (physikalische und physiologische Permeabilität) erkannten Gegensatz nur selten aus dem Auge verloren — mögen auch manche Autoren fälschlich Methoden der Permeabilitätsbestimmung dort angewandt haben, wo es aktive Speicherung zu untersuchen galt. Die zu weite Fassung des Begriffes Permeabilität mag dazu beigetragen haben.

Neuerdings hat dann (BOGEN 1956b, S. 122) „die Entdeckung der nichtosmotischen Aufnahme und ihrer weiten Verbreitung das

Pendel der Zellforschung nach der anderen Seite ausschlagen lassen. Nunmehr werden diese Vorgänge besonders hoch bewertet, und es gibt nicht wenige Autoren, die ihnen die Alleinherrschaft zuerkennen wollen und jegliche osmotische Stoffbewegung leugnen.“ —

Nach erfolgter Abgrenzung der Arbeitsziele und -richtungen ist es aber doch an der Zeit, auch die Wege der Permeabilitätsforschung im engeren Sinne weiter zu verfolgen.

Dabei stehen Methoden zur Verfügung, die eindeutig Werte der reinen („passiven“) Permeation ergeben, nicht Summenwerte aus Permeation und aktiver Aufnahme (vgl. BOGEN 1953, 1956a, b—e, PRELL 1955a, b, BOGEN und FOLLMANN 1955, dagegen HÖFLER und URL 1958). Solche sind die COLLANDERsche Methode chemischer Analyse der Zellsäfte großer cönozytischer Zellen, die bestimmte Zeit in Lösungen der zu prüfenden Substanzen verweilt haben, und, bei kritischer Handhabung, die plasmometrische Methode. Die erstere hat an günstigsten Algenzellen (*Chara ceratophylla*, 1933, *Nitella mucronata*, 1954) zur quantitativen Erfassung des Permeationskonstanten von 45 bzw. 70 Anelektrolyten und zur Begründung der Lipoidfilter-Theorie geführt, die plasmometrische Methode zur Erkenntnis der Verschiedenheit der Permeabilitätseigenschaften verschiedener Zell- und Plasmasorten. Zwar sind die Verhältnisreihen der Konstanten („Permeabilitätsreihen“) für gegebene Zellsorten nicht konstant, wie anfangs angenommen worden war, es ist vielmehr „für die gegebene Zellsorte ihre Permeabilitätsreihe, deren Wandel mit dem Entwicklungszustand und Veränderlichkeit unter dem Einfluß von Außenfaktoren bezeichnend“ (HÖFLER 1937, 1942).

In einem Schema von 1950 (vgl. Abb. 1) wurden fünf Permeabilitätstypen unterschieden, der (zentral gestellte) Haupttyp (amidophiler Porentyp) und vier aus der Abb. ersichtliche weitere Typen (vgl. auch BOGEN 1956d, S. 431). Da alle oder fast alle bisher geprüften Zell- und Plasmasorten im Diagramm nur längs eines Astes vom Extrem zum Haupttyp hin variieren, gewinnt der Normaltyp — als *Chara-Majanthemum*-Typ bezeichnet, jetzt vielleicht besser als *Nitella-Majanthemum*-Typ zu bezeichnen — besondere Bedeutung. Es ist das Ziel des folgenden Beitrages, diesen Normaltyp an einem der Untersuchung günstigen Material, den Grundgewebszellen aus der Blattmittelrippe des immergrünen Kammfarnes *Blechnum spicant*, noch näher zu kennzeichnen und damit ein neues Objekt in Vorschlag zu bringen, das sich auch für Studien der Wirkung von Außenfaktoren und chemischen Agentien (samt Wuchsstoffen, Stoffwechselgiften) auf die Plasmapermeabilität

Amidophiler
Porentyp
Zucker-Typ
Ultrafilter-Typ
Normaltyp
Amidophober
Lösungstyp

Gentiana
Sturmiana-Typ
Solanum
tuberosum
Chara
ceratophylla
Diatomeen-Typ
Beggiatoa-Typ
Oscillatoria
Majanthemum-Typ
Rhoeo-
Typ

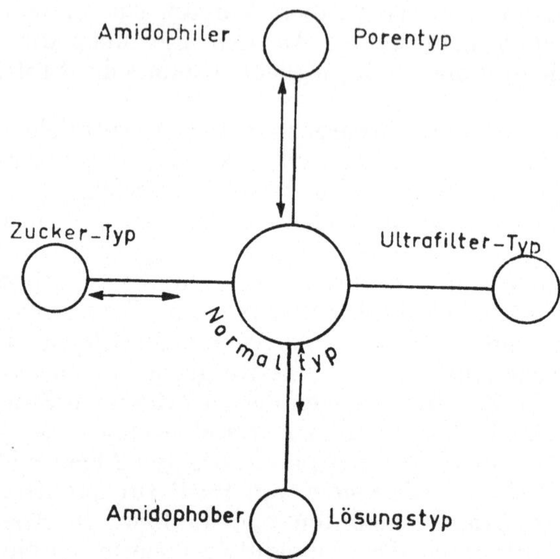

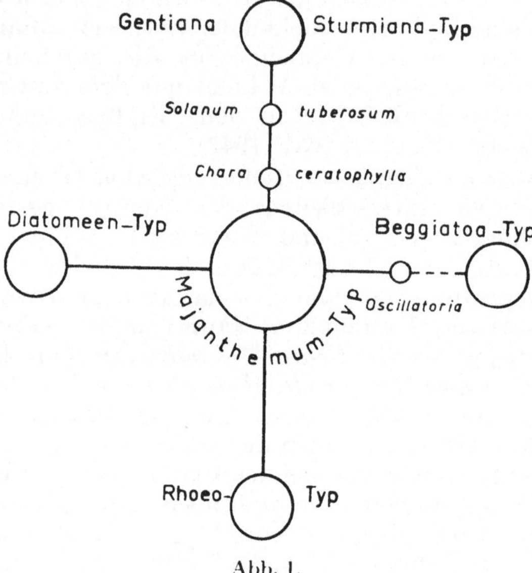

Abb. 1.

in manchem noch besser eignet als die bisher verwendeten Zellsorten.

II. Die plasmometrische Methodik im Dienste der Permeabilitätsbestimmung.

Die Frage nach der Berechtigung der plasmolytischen Permeabilitätsbestimmung ist in meiner *Majanthemum*-Arbeit (1934, S. 216—223) ausführlich behandelt worden. Collander (1956a) hat die Methoden zur Messung des Stoffaustausches der Pflanzenzelle kritisch dargestellt.

Hier seien, zeitlich weiter ausholend, in historischer Folge die gegen die plasmolytische bzw. plasmometrische Methodik erhobenen Einwände aufgezählt.

Zuerst hat van Rysselberghe (1898) auf mögliche Anatonosen d. i. regulatorische Änderungen des osmotischen Wertes hingewiesen, die als Reizreaktion der Zelle auf die Behandlung mit hypertonischer Lösung erfolgen sollen. Damit schien die Bestimmung der Permeabilität aus dem Plasmolyserückgang in unverdünnter Lösung (Klebs, de Vries, Overton) zum erstenmal angefochten, da man nicht wissen könne, wieviel von der Wertzunahme auf Kosten der Stoffendosmose, wieviel auf aktive Produktion osmotisch wirksamer Substanz zu setzen sind. Es hat langer Jahre bedurft, bis endgültig gezeigt wurde, daß eine solche Anatonose als allgemeine Reizreaktion nicht existiert (vgl. z. B. noch Höfler u. Weber 1926, S. 653, Höfler 1926, S. 461). — Bei vergleichender Beobachtung in verschiedenen Diosmoticis könnte nur der jeweils langsamsten Rückdehnung (z. B. in Rohrzucker) gegenüber der Verdacht regulatorischer Änderung bestehen. Gegen die Anwendung des Anatonosebegriffes auf das Verhalten der Zellen in Lösungen, die schnellere Rückdehnung bewirken, war einzuwenden, daß die gleiche Wirkung reizauslösender Hypertonie doch in besonders unschädlicher Rohrzuckerlösung auch erzielt werden müßte. Man war eben um die Jahrhundertwende mit der Annahme neuer Reizreaktionen besonders freigiebig gewesen.

Von den von van Rysselberghe postulierten Anatonosevorgängen sind wohl zu unterscheiden die mit Erhöhung des osmotischen Wertes verbundenen Stoffumsetzungen, die aber rein physiko-chemisch durch Eindringen des Diosmotikums ausgelöst werden. Die Realität solcher Vorgänge ist in einzelnen Fällen exakt nachgewiesen worden. So hat Iljin (1923/24) zeigen können, daß in Schließzellen kleine Mengen endosmierender Alkalisalze eine

Umsetzung gespeicherter Stärke in Zucker und eine Öffnungsbewegung bewirken; dabei steigt der osmotische Wert nicht nur im Maß der aufgenommenen Salzmenge, sondern zum Hauptteil durch den gebildeten Zucker; ein quantitativer Schluß aus dem Wertanstieg auf die Salzpermeation ist dann natürlich unerlaubt. — Der Einwand hat aber für die meisten Zellobjekte keine praktische Bedeutung, auch nicht für die für Permeabilitätsstudien viel verwendete *Rhoeo*-Zelle, die ja weder umsetzbare Stärke noch den nötigen Enzymapparat enthält. Es hat also z. B. Kacsmarek (1929) seine (mit Fittings verfeinerter grenzplasmolytischen Methode gewonnenen) Werte allzu vorsichtig interpretiert, wenn er von Salzpermeabilität zu sprechen vermeidet.

Im übrigen blieben die Plasmolysemethoden etwa von 1910 bis 1930 ziemlich unangefochten und in diese Zeit fällt die Entwicklung der Methoden zur quantitativen Leistungsfähigkeit.

Um 1930 stellte Weber sein seither vielfach bestätigtes Prinzip der Plasmolyseresistenz auf, wonach die Zelle um so stärker geschädigt wird, je schwerer die plasmolytische Loslösung von der Zellmembran erfolgt. Er schloß daran den Gedanken, daß alle „Plasmolysepermeabilität" gegenüber der „Normalpermeabilität" erhöht sein könne. Ich habe (1934, S. 218) zu zeigen versucht, daß i. allg. nur giftig wirkende Substanzen die Protoplasten bei Plasmolyseeintritt und der damit verbundenen Auflockerung der Grenzschicht stärker schädigen als im unplasmolysierten Zustand. Solche verändernde Wirkung, die nach jetziger Terminologie die Intrabilität betrifft, ist weit verbreitet (vgl. Strugger 1949). Sie kann aber die Permeabilitätsbestimmung für unschädliche Diosmotika nicht trüben.

Daß in sehr vielen Fällen exakte Vergleichsversuche für unplasmolysierte und plasmolysierte Zellen gleiche Durchlässigkeitswerte geben, war schon in der älteren Literatur bekannt (Höfler 1934, S. 218—223) und wurde weiterhin allenthalben bestätigt (Huber u. Schmidt 1933, Schmidt 1936 u. a.). Vorplasmolyse in Zucker setzt allerdings die Permeabilität für nachfolgend angewandte Diosmotika oft herab. Ich vermeide sie daher und bringe die Schnitte direkt in die Versuchslösung, wo Bestimmung im Totalverfahren möglich ist; zudem werden so die Plasmolysewechseleffekte (Bennet-Clark u. Bexon 1946, Casari 1953) vermieden. Eine nicht zu lange Wässerung der Schnitte ändert die Permeabilität meist nicht oder kaum, beschleunigt aber die Konvexrundung der Protoplasten (Höfler 1918a, S. 141), erleichtert auch die Loslösung und macht damit, nach Webers Prinzip, den plasmolytischen Eingriff als solchen unschädlicher.

Ein vierter genereller Einwand stammt aus jüngster Zeit. BOGEN (1953, 1956a, b, c, S. 242, d, S. 432f.) hat angenommen und begründen zu können geglaubt, daß die Rückdehnung der Protoplasten zum Teil auf Diffusion des Diosmotikums, zu weiteren Teilen aber auf nichtosmotischer Stoffaufnahme und nichtosmotischer Wasseraufnahme beruhe, wobei er „nichtosmotisch" mit „aktiv", d. h. unter Energieleistung des Protoplasten erfolgend gleichsetzt (1956a, b). Sein Schüler PRELL (1955a, b) glaubt, daß an jeder Protoplastenrückdehnung, auch z. B. an solcher in hypertonischer Harnstofflösung, nebeneinander beide Komponenten, die osmotische und die nichtosmotische Aufnahme ursächlich beteiligt seien. Mit BOGENS Einführung der aktiven Aufnahme als neuer Unbekannten verlöre aber jeder quantitative Schluß von Protoplastenausdehnung auf Permeation seine Berechtigung. Die Permeationskonstanten und die sog. „Permeabilitätsreihen" mögen wohl „objektspezifisch" sein, können aber nicht mehr unbesehen als Ausdruck „spezifischer" Permeationsmechanismen aufgefaßt werden. Unter diesem Gesichtspunkt muß ein großer Teil der „Abweichungen von der Ultrafiltertheorie RUHLANDS beurteilt werden, die zu einer unbegründeten negativen Stellungnahme und zur Aufstellung sog. Permeabilitätstypen geführt haben" (BOGEN 1953, S. 154).

Wir haben jüngst (HÖFLER u. URL 1958) ausführlich dargetan, daß BOGENS Vorstellungen von der aktiven Aufnahme nichtosmotischen Wassers in plasmolysierte Protoplasten und dessen Festhaltung im Zellsaft der Realität entbehren; sie sind kausalphysiologisch nicht annehmbar und die Versuche, aus denen sie abgeleitet wurden, sind auf andere Weise weit leichter zu interpretieren. Daß die Aufnahme gelöster Diosmotika auch nichtosmotisch, unter aktiver Speicherung erfolgen kann, ist grundsätzlich möglich und nicht generell abzulehnen; doch ist aktive, d. h. unter Energieleistung der Zelle erfolgende Aufnahme organischer Substanzen bisher nur für ganz intakte Protoplasten gewisser Zelltypen, so bei *Vallisneria*, nachgewiesen und ARISZ u. VAN DIJK (1939) haben an diesem Objekt exakt gezeigt, daß bereits der plasmolysierte Zustand solche aktive Speichertätigkeit ausschließt. Es ist daher im plasmolytischen Permeabilitätsversuch, zumindest für Nichtleiter, mit einer Beteiligung aktiver Stoffaufnahme an der Gesamtaufnahme nicht zu rechnen.

BOGEN (1956a, S. 211, vgl. 1956b, S. 120) sagt: „Heute gelten — u. a. — folgende vier Kriterien für die nichtosmotische Stoffaufnahme (ROSENBERG und WILBRANDT):

1. Keine Übereinstimmung mit den Diffusionsgesetzen, insbesondere Konstanz der Aufnahmerate unabhängig vom Konzentrationspotential.

2. Kompetitive Hemmung gleichzeitig eintretender Substanzen.

3. Hohe Strukturspezifität; oftmals vermag die Zelle zwischen Stereoisomeren zu unterscheiden, obgleich diese Stoffe gleiches Molekulargewicht und meist auch gleiche Lipoidlöslichkeit besitzen.

4. Wirksamkeit von Enzymeffektoren (Inhibitoren und Aktivatoren).

Dabei sollen möglichst alle vier Kriterien gleichzeitig erfüllt sein, weil — wie hier im einzelnen nicht belegt werden soll — jedes für sich allein noch nicht unbedingt gegen die Gültigkeit der osmotischen Gesetze sprechen muß (DANIELLI)." Vgl. auch BOGEN (1956c, S. 246.)

In ROSENBERG und WILBRANDTS Arbeit (1952b, S. 67), welche BOGEN zitiert, gelten aber die aufgezählten Züge nicht als Kennzeichen für aktiven Transport („thermodynamically active transport") schlechthin, sondern für aktiv kontrollierten Transport. „It should be pointed out that the thermodynamically active transport is a possible, but by no means a necessary consequence of the participation of enzymes in membrane penetration; in other words, in general it represents a special case of enzymetically controlled transport ... The identification of a transport as enzymetically controlled meets with greater difficulties if it is not thermodynamically active. Indirect criteria then have to be used. They include:" Es folgen die aufgezählten Punkte. — Die treibende Kraft für den enzymatisch kontrollierten Transport kann also gleichwohl im Konzentrationsgefälle des Diosmotikums liegen (ROSENBERG und WILBRANDT, l. c. S. 85).

Enzymatisch kontrolliert ist möglicherweise die Zuckerpermeation, die der langsamen Rückdehnung plasmolysierter Protoplasten in Zuckerlösungen zugrunde liegt. Denn sie wird nach BOGENS (1953) Befund, den wir bestätigt haben (HÖFLER u. URL 1958), durch Atmungsgifte behindert; vgl. URL (1958).

Als Kennzeichen einer nach FICKS Diffusionsgesetz erfolgenden („passiven") Permeation im engeren Sinn können u. a. gelten:

1. die Zeitproportionalität der in aufeinanderfolgenden Zeitabschnitten erfolgenden Rückdehnung bzw. Stoffaufnahme (vgl. auch BOGEN 1956c, S. 242), bei ähnlicher Ausdehnung der intakten Einzelprotoplaste.

2. die Möglichkeit, die durchs Plasma eingedrungene Substanz wieder exosmieren zu lassen, wenn man die Schnitte nach erfolgter Deplasmolyse in Zuckerlösung überträgt. Es erfolgt dann langsam neuerlicher Plasmolyseeintritt.

* * *

Es steht also praktisch außer Zweifel, daß der plasmometrisch gemessene Deplasmolyseverlauf in unschädlichen Diosmoticis, von gewissen Ausnahmefällen (S. 242) abgesehen, auf die Permeation des gebotenen Stoffes bezogen werden darf. Doch bestehen mehrere Fehlerquellen, die die quantitative Bestimmung trüben können. Hierher gehören:

1. Exosmose zellsafteigener Stoffe während der Messungsintervalle, die zur Verkleinerung der Protoplasten führt und mit der Vergrößerung durch Stoffendosmose interferiert. Solche Verkleinerung ist vielfach nachgewiesen (z. B. auch PRELL 1952, S. 484) und stört um so mehr, je langsamer ein Diosmotikum permeiert.

2. Die mögliche Festlegung endosmierter Substanz in osmotisch unwirksamer Form innerhalb der Protoplasten.

Soll die normale Permeabilität intakter Protoplasten bestimmt werden, so kommen weiter als wichtigste Fehlerquelle sekundäre Veränderungen der Permeabilität in Frage, die sich im Verlauf des Plasmolyseversuches einstellen. HOFMEISTER hat diese zuerst (1935, S. 61) eingehend behandelt.

Permeabilitätserhöhung im prämortalen Stadium ist seit alters bekannt (DE VRIES 1885). Solche erfolgt bei Anwendung langsam schädigender Plasmolytika, sie kann aber, wie HOFMEISTER gezeigt hat, auch in dauernd lebensfähigen Protoplasten eintreten. Dann liegen die Werte im Totalversuch meist wesentlich höher als im Partialversuch, der nach Vorplasmolyse in Traubenzucker in Mischlösung aus Traubenzucker und Zusatzplasmolytikum geführt wird. Wie bekannt, hat HOFMEISTER (l. c. S. 13) Partialversuche plasmometrisch ausgewertet und so für zahlreiche Plasmolytika, die rein angewandt schädigen, Permeationskonstanten ermittelt. Er (l. c. S. 24) und FREY-WYSSLINGS Schüler BOCHSLER (1949) zeigen, daß das Glykol die Permeabilität für sich selbst erhöht.

Es ist fürs folgende wichtig, festzuhalten, daß solche Permeabilitätserhöhung auch im Dimethylharnstoff und oft auch schon im Methylharnstoff auftritt, wenn sie im Totalversuch angewandt werden. Ein solcher Anstieg muß, wie HOFMEISTER fand, keineswegs immer einer prämortalen Beschleunigung entsprechen.

Noch viel verbreiteter ist Herabsetzung der Permeation im Verlauf der Plasmolyseversuche. Vielfache Erfahrung zeigt, daß diese auch in unschädlichen Plasmolyticis und auch in dauernd lebensfähigen Protoplasten erfolgt. Der zeitliche Verlauf der Permeabilitätsabnahme schwankt aber sehr stark von Objekt zu Objekt. Es ist bei der Wahl des Materials von Bedeutung, gerade die Neigung zu solcher Permeabilitätsverminderung eingehend kennenzulernen. Je nach der Fragestellung werden in dieser Hinsicht gewisse Objekte zurückzustellen, andere vorzuziehen sein. — Es ist HOFMEISTER (1948) gelungen, auch die Deplasmolysezeit-Methode, die ja für Zellen von nicht geometrisch berechenbarer Form allein brauchbar ist, quantitativ auszuwerten. Es bleibt aber ein Vorteil der plasmometrischen Methode, daß bei länger dauernden Versuchen aus dem zeitlich verfolgten Rückdehnungsverlauf die Hemmung und der Moment, wo sie einsetzt, faßbar wird.

Einen wesentlichen Beitrag zur Kenntnis der Permeabilitätsabnahme erbringt jüngst Stadelmann (1958). Er arbeitet mit Durchströmungskammern und kann mit derart verbesserter Methodik durch kontinuierliche Beobachtung der Rückdehnung zunächst für ein Objekt (*Carduncellus*) zeigen, daß die Permeabilitätsabnahme bei Plasmolyse in Harnstoff nicht allmählich, sondern mit plötzlichem Knick der Kurven erfolgt. — Abnahme der Rückdehnungsgeschwindigkeit infolge Abnahme des Konzentrationsgefälles des Diosmotikums darf natürlich mit der Abnahme der Permeabilität nicht verwechselt werden.

Sehr bekannt ist die Wundhemmung der Permeabilität, die in Gewebsschnitten in wundrandnahen Zellen auftritt. Sie wurde zuerst von Höfler u. Stiegler (1930, S. 483) für *Gentiana Sturmiana*, ein Objekt vom rapiden Harnstofftyp, beschrieben und zahlenmäßig belegt. Herabsetzung bis auf etwa $^1/_{10}$ hat Biebl (1948, S. 143) an *Solanum tuberosum* beobachtet. Seit den ersten plasmometrischen Arbeiten ist aber bekannt, daß diese Hemmung nicht nur bei rasch deplasmolysierenden, sondern auch bei mit mittlerer oder geringerer Geschwindigkeit rückdehnenden Objekten und bei Anwendung der verschiedensten Plasmolytika auftritt. Die wichtige Frage, welche Veränderungen der Protoplast dabei erfährt, harrt bis heute der Bearbeitung.

Es erscheint wohl möglich, daß die Hemmung bei langdauernder Plasmolyse und die Wundhemmung abgestufte Effekte gleicher Wesenheit darstellen, doch läßt sich darüber Endgültiges noch nicht aussagen. —

Bei der rechnerischen Auswertung der Versuche blieb ich im folgenden dabei, aus Messungen, die an denselben Protoplasten in angemessenen Intervallen erfolgen, die Plasmolysegradänderung pro Stunde ΔG zu bestimmen. Daraus folgt durch Bezug auf das mittlere Partialgefälle des Diosmotikums die Permeabilität der Protoplasten P′ und weiter durch Bezug auf die Einheit der Protoplastenoberfläche die Permeationskonstante des Protoplasmas P (vgl. Collander u. Bärlund 1933)[2].

Dies übliche Verfahren bedeutet Tangentenkonstruktion statt differentieller Funktionsberechnung. Letztere ist bekanntlich unentbehrlich für die Berechnung der Wasserpermeabilität aus dem

[2] Die „Protoplasmakorrektur“ (Höfler 1918, Huber u. Höfler 1930, S. 376) bleibt für Zellen mit großem Zellsaftraum bei der Permeabilitätsmessung wie üblich unberücksichtigt. Vgl. zumal Bochsler (1948, S. 101).

Plasmolyseeintritt und -rückgang (HÖFLER 1930, HUBER u. HÖFLER 1930 u. a., SEEMANN 1952), für die Permeation gelöster Stoffe sind Formeln von SCARTH (1939) und STADELMANN (1952, 1956, 1958) entwickelt worden. Es sei auf die zusammenfassende Darstellung mathematischer Analyse der experimentellen Ergebnisse bei STADELMANN (1956 b) verwiesen.

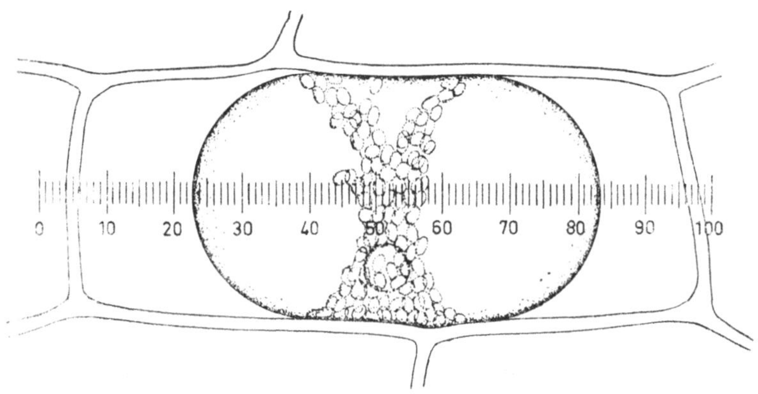

Abb. 2. *Blechnum*-Zelle.

Im folgenden bedeutet wie früher:

$l_{1,\,2}$ = Länge des Protoplasten bei der 1., 2. Messung
h = innere Zellänge
b = innere Zellbreite
G_1 G_2 = Grad der Plasmolyse bei der 1., 2. Messung
$G_2 - G_1$ = Plasmolysegradänderung von der 1. zur 2. Messung
ΔG_{1-2}, ΔG_{2-3} = Änderung des Plasmolysegrades pro Stunde

Es gilt

$$G = \frac{l - \frac{b}{3}}{h}, \quad \Delta G_{1-2} = \frac{G_2 - G_1}{t_2 \quad t_1}$$

Bei orientierender Auswertung von Versuchen genügt es, daß man die mittlere Längenausdehnung der gemessenen Protoplasten durch die mittlere Zellänge dividiert und durch Bezug auf die Zeiteinheit daraus ΔG berechnet, unter Verzicht auf die Plasmolysegradwerte der Einzelzellen. Dabei bleibt die Rechenarbeit minimal, selbst der Rechenschieber entbehrlich. Bei allen präziseren Versuchen wird G jeweils für alle Einzelzellen berechnet.

Die ΔG-Werte kommen den Permeationskonstanten der Protoplasten P′ schon nahe. Für deren Berechnung ist, wie erwähnt, die jeweilige Partialkonzentration des Endosmotikums im Zellsaft zu berücksichtigen. Dazu hat die Gleichung $P' = \frac{\Delta G \cdot C}{C - c}$ gedient, wobei c (für im Zellsaft natürlicherweise nicht vorkommende Stoffe) sich ergibt aus der Summe der gewerteten Intervalle und aus der durch lineale Extrapolation geschätzten Aufnahme vor der ersten Messung.

ASHIDA (in litteris) hat aber geltend gemacht, daß sich der so berechnete Wert von c in mol auf den Innenraum der entspannten Zelle und nicht auf den des plasmolysierten Protoplasten bezieht; in diesem muß aber die Partialkonzentration, der Einengung, dem jeweiligen Plasmolysegrad entsprechend, im Verhältnis 1/G höher sein. Man verwendet den mittleren G-Wert des Meßintervalls.

Nach ASHIDA gilt $P' = \Delta G \dfrac{C}{C - \dfrac{2c}{G_1 + G_2}}$

Die sog. ASHIDA-Korrektur (vgl. auch STADELMANN 1956) ist in mehreren neueren Arbeiten aus dem Wiener Institut berücksichtigt worden, wo Präzisionswerte anzustreben waren (KREUZ 1941, HOFMEISTER 1948 u. a.).

Die Umrechnung auf die Flächeneinheit (Bestimmung der Permeationskonstanten des Protoplasmas P aus P′ bzw. P″) wird im allgemeinen nicht für Einzelzellen, auch nicht für Mittelwerte aus Einzelversuchen, sondern nur mit Hilfe eines aus der Durchschnittsgröße der Zellen des verwendeten Objektes errechneten Faktors vorgenommen. Sie ist insofern mit einem Unsicherheitsmoment behaftet, als in streng zylindrischen Zellen die Protoplastenteile, welche an die Längswände grenzen, möglicherweise zeitlich geringere Stoffmengen permeieren lassen als die frei an das Plasmolytikum grenzenden Protoplastenmenisci. Für die Wasserpermeabilität von *Salvinia* wurden solche Effekte schon bei HUBER und HÖFLER (1930, S. 445) nachgewiesen. Für die Endosmose von Nichtleitern bringt eine kurze Studie von ZICKEL (1955) Belege. Für Zellen von nicht genau kreisförmigem Querschnitt tritt die Fehlerquelle zurück.

Es ist wünschenswert, daß nicht nur die Permeationskonstanten, deren Berechnung doch mit gewissen Unsicherheitsmomenten behaftet ist, sondern auch die objektiv gefundenen Werte für G und die Stundenwerte der Protoplastenausdehnung ΔG angegeben werden.

Ansatz zur Berechnung der jeweiligen Partialkonzentrationen c des Diosmotikums im Zellsaft und der Permeationskonstanten P′ und P″. Für C = 1,0 mol:

Zeit des Eintragens		t
Zeit der 1. Messung (Mitte)	t_1	$c_1 = \Delta G_{1-2} \cdot \frac{t_1 - t}{60}$
Zeit der 2. Messung	t_2	$c_2 = c_1 + \Delta G_{1-2} \cdot \frac{t_2 - t_1}{60}$
Zeit der 3. Messung	t_3	$c_3 = c_2 + \Delta G_{2-3} \cdot \frac{t_3 - t_2}{60}$

$$c_{1-2} = \frac{c_1 + c_2}{2} = \Delta G_{1-2} \left\{ \frac{t_1 - t}{2 \,.\, 60} + \frac{t_2 - t_1}{2 \,.\, 60} \right\}$$

$$c_{2-3} = \frac{c_2 + c_3}{2} = c_{1-2} + \Delta G_{1-2} \cdot \frac{t_2 - t_1}{2 \,.\, 60} + \Delta G_{2-3} \frac{t_3 - t_2}{2 \,.\, 60}$$

$$P'_{1-2} = \frac{\Delta G_{1-2}}{1 - c_{1-2}} \qquad P'_{2-3} = \frac{\Delta G_{2-3}}{1 - c_{2-3}}$$

$$P''_{1-2} = \frac{\Delta G_{1-2}}{1 - \frac{2\,c_{1-2}}{G_1 + G_2}} \qquad P''_{2-3} = \frac{\Delta G_{2-3}}{1 - \frac{2\,c_{2-3}}{G_2 + G_3}}$$

(für Blechnum) $P = 0{,}00115 \,.\, P''$ cm/Stunde

III. Permeabilitätsversuche an Blechnumzellen.

Verwendet wurden die Parenchymzellen aus dem unteren Teil der Mittelrippe steriler Blätter (Abb. 2).

Ich kenne das Objekt seit der Frühzeit meiner Permeabilitätsstudien (1920/21). Orientierende Versuche folgten mehrfach in weiteren Jahren. Eine größere Versuchsreihe, bei der mir Univ.-Prof. Dr. H. Schindler, damals als Doktorand, assistierte, wurde im September 1937 in der Ramsau bei Schladming durchgeführt.

Für die Wahl des Objektes war maßgebend, daß die Zellen sich im Plasmolyseversuch als recht resistent erweisen und daß zumal die Wundhemmung, die sonst an schnittrandnahen Zellen so oft beobachtet wird, hier weitgehend zurücktritt; dazu kommt, daß *Blechnum* als immergrüne Pflanze das ganze Jahr hindurch

VERSUCH 1 (CXXXV, 21) Ramsau, 20. IX. 1957 **1,0 mol Harnstoff**

Schnitt 9h 45 in H_2O, 10h 15 entlüftet, 10h 46 in Harnstoff, t = 17,3—18,0°C (1′ = 4,8μ)

	1. Messung 12h 18		2. Mess. 13h 19		3. Mess. 14h 19		4. Mess. 15h 19	
b	l:h	G_1	$l_2—l_1$	G_2	$l_3—l_2$	G_3	$l_4—l_3$	G_4
12	29 :43	0,581	1,2	0,608	1,8	0,651	1,8	0,694
13	23 :34	0,549	1,8	0,602	1,8	0,655	1,5	0,698
12	22,7:33	0,567	1,8	0,621	2,1	0,685	1,4	0,726
12	24 :34	0,588	1,5	0,632	1,6	0,679	1,8	0,732
10	23 :33	0,595	1,8	0,650	1,9	0,706	1,8	0,761
10,5	21 :29	0,603	1,7	0,661	1,5	0,713	1,6	0,769
10,5	22,6:32	0,596	1,6	0,647	2,0	0,709	1,8	0,765
10	22,5:33	0,580	1,6	0,627	1,9	0,686	1,8	0,741
10,5	23,3:32,5	0,609	1,8	0,664	1,9	0,723	1,5	0,769

(ohne Zelle 1) $G_1 = 0,584$ $G_2 = 0,638$ $G_3 = 0,694$ $G_4 = 0,745$

$\Delta G_{1-2} = \mathbf{0,0521}$ $\Delta G_{2-3} = \mathbf{0,0565}$ $\Delta G_{3-4} = \mathbf{0,0494}$

$P'_{1-2} = \mathbf{0,0569}$ $P'_{2-3} = \mathbf{0,0656}$ $P'_{3-4} = \mathbf{0,0611}$ $P'_{1-4} = \mathbf{0,0596}$

(nach Ashida) $P''_{1-2} = \mathbf{0,0605}$ $P''_{2-3} = \mathbf{0,0712}$ $P''_{3-4} = \mathbf{0,0673}$ $P''_{1-4} = \mathbf{0,0663}$

$P_{1-2} = \mathbf{6,96 \cdot 10^{-5}} = 1,93 \cdot 10^{-4}$ $P_{2-3} = \mathbf{8,1 \cdot 10^{-5}} = 2,27 \cdot 10^{-4}$ $P_{3-4} = \mathbf{7,74 \cdot 10^{-5}} = 2,15 \cdot 10^{-4}$

cm/Stunde μ/Sekunde cm/Stunde μ/Sekunde cm/Stunde μ/Sekunde

zur Verfügung steht, während die übrigen bei der Arbeit in meinem Ramsauer Sommerlaboratorium bevorzugt verwendeten Objekte (*Majanthemum*, *Gentiana Sturmiana*) nur wenige Monate bzw. Wochen im Jahr einwandfreies Zellenmaterial bieten.

Die *Blechnum*-Zellen gehören, nach der Plasmapermeabilität beurteilt, dem Normaltyp (S. 239) an. Wie in der Einleitung betont, erschien es wichtig, ein weiteres optimales Objekt vom Normaltyp für exakt-quantitative Bestimmungen zugänglich zu machen.

a) Harnstoff.

Ich teile zunächst einen Versuch, der die Eignung des Objektes veranschaulicht, ausführlich mit (S. 250).

Es ist (vgl. S. 247) l = Zellänge, b = Zellbreite, l_1, l_2, l_3 . . . die Länge der Protoplasten bei der ersten, zweiten und dritten Messung, G_1, G_2, G_3 . . . der jeweilige Plasmolysegrad, P′ die Permeationskonstante des Protoplasten auf alte Art, P″ mit Berücksichtigung der ASHIDA-Korrektur berechnet, *P* die (auf die Flächeneinheit reduzierte) Permeabilität des Protoplasmas.

In den aufeinanderfolgenden Zeitabschnitten bleibt die Plasmolysegradänderung ΔG ähnlich. Die Permeationskonstanten der Protoplasten P′, nach alter Art errechnet, liegen höher als die ΔG-Werte, die Differenz wächst naturgemäß mit der Versuchsdauer. Nach Anbringung der ASHIDA-Korrektur erhöhen sich die Werte P″ weiter. In vielen anderen Versuchen mit *Blechnum*-Zellen verläuft die Rückdehnung in Harnstoff zeitlich noch gleichmäßiger.

Der Wert der Permeationskonstanten des Protoplasten ist P″ = 0,066 bzw. des Plasmas P = 7,6 . 10^{-5} cm/Stunde. Er entspricht gut den bei gleicher Temperatur in anderen Jahren gemessenen Werten, doch liegen die Werte auch oft niedriger, nämlich bei P″ = 0,03—0,05.

Im mitgeteilten Versuch dehnen sich in einem vierten Intervall (15^h 19—16^h 19) alle Protoplasten weiter aus, aber es ist die Rückdehnungsgeschwindigkeit in 5 von 9 Zellen um mehr als $^1/_3$ abgesunken. Als Ausdruck normaler Permeabilität der Protoplasten dürfen daher hier nur die Ausdehnungswerte bis zur fünften Stunde gelten.

Ein Nachteil der *Blechnum*-Zellen gegenüber *Majanthemum* ist, daß die Konvexrundung der Protoplasten erst ziemlich spät perfekt wird. Während des Plasmolyseeintritts nehmen diese niemals meßbare Formen an. Sie haften anfangs oft an der Mitte der Zellquerwände, wo also, wie oft im Parenchym, ein negativer Plasmolyseort (WEBER 1929) besteht. Die Berechnung der

Wasserpermeabilität aus Eintrittsversuchen ist daher nicht möglich.

Die Parenchymzellen der Blattrippe sind ungleich breit. An die Gefäßbündel grenzen schmale und relativ längere, dann folgen mehrere Reihen um 45—65 μ breiter Zellen, die innersten sind noch kürzer und breiter. — Die schmalen gefäßnahen Zellen gaben mehrfach etwas raschere Rückdehnung und auch nach Reduktion auf die Flächeneinheit noch größere Permeabilitätskonstanten. Sie wurden im allgemeinen nicht verwendet.

Auch die inneren breiten Zellen werden vermieden. Die Schnitte wurden aus dem unteren Teil der Blattrippe, wo diese die ersten kurzen Fiedern trägt, parallel zur Fläche der Spreite hergestellt (vgl. Abb. bei HÖFLER u. URL 1957). Nimmt man sie nicht aus der Mediane, sondern tangential vom oberen oder unteren Teil, so ist im Schnitt die Zahl der brauchbaren Zellreihen größer.

Die Präparate werden wie immer im Lösungstropfen unter großem Deckglas untersucht und nach jeder Messung in die Fläschchen zurückgebracht, wo sie im Lösungsüberschuß verweilen. Die Notwendigkeit, die gemessenen Zellen im Inneren der mehrschichtigen Schnitte wiederzufinden, macht *Blechnum* als Objekt nur für geübtere Plasmometriker empfehlenswert.

Eines der besten Argumente für „passive", d. h. echte, nach dem FICKschen Gesetz erfolgende Diffusion gegenüber „aktiver" Speicherung (oder enzymatisch bedingter Penetration) ergibt sich, wenn es gelingt, nach erfolgter Deplasmolyse und Übertragung der Schnitte in Zucker neuerlich Exosmose des Harnstoffs und entsprechend eine langsame neue Plasmolyse zu erzielen. Auch läßt sich bei wiederholter Beobachtung in der Zuckerlösung prüfen, ob die Protoplasten dauernd lebensfähig bleiben.

Solche Nachprüfung von Versuchszellen wurde von mir und wird — seit HOFMEISTER (1935) — recht allgemein im Wiener Arbeitskreis angewandt. — Systrophe nach Plasmolyse (GERM 1931/32) tritt in den *Blechnum*-Zellen langsamer als in vielen Gewebszellen von Blütenpflanzen, aber regelmäßig ein; vgl. URL (1958).

Die folgenden Hauptversuche, die den Vergleich der Permeationskonstanten für verschiedene Nichtleiter zum Gegenstand haben, sind einer Versuchsreihe vom 23.—30. September 1937 entnommen, bei der ich erstmalig in der Ramsau zusammen mit H. SCHINDLER arbeitete.

b) Harnstoff-Methylharnstoff-Dimethylharnstoff

Versuch 2—4 sind an Nachbarschnitten vom selben Stückchen der Blattrippe ausgeführt und streng vergleichbar. Die Konzentration der Diosmotika (1,2 mol) mußte etwas höher gewählt werden, um die Plasmolyse nicht zu rasch zurückgehen zu lassen.

VERSUCH 2 (LV, 49) Ramsau, 30. IX. 1937 **1,2 mol Harnstoff**

Schnitt 80 Min. gewässert, entlüftet, 12h 25 in Harnstoff, $t = 14{,}2^0$C ($1' = 3{,}79\ \mu$)

	1. Messung 13h 31—36			2. Mess. 14h 33—38		3. Mess. 15h 40—45	
	b	l:h	G_1	l_2—l_1	G_2	l_3—l_2	G_3
1	13	20,5:31	0,522	0,4	0,535	0,9	0,565
2	14½	22,2:37	0,470	0,9	0,405	0,1	0,523
3	14½	28,2:52	0,450	2,8	0,503	1,9	0,540
4	14½	24,1 + 16,2:62	0,495	0,2 0,9	0,513	0,9 1,3	0,548
5	12	25,8:40	0,545	1,2	0,575	1,3	0,607
6	12	24,1:36	0,558	0,8	0,580	1,2	0,614
7	13	24 :57	0,520	3,2	0,576	1,0	0,594
8	12	35 :60	0,516	1,2	0,537	1,9	0,568

G_1 (Mittel) = 0,5095 $G_2 = 0{,}53925$ $G3 = 0{,}5699$

$\Delta G_{1-2} = \mathbf{0{,}0299}$ $\Delta G_{2-3} = \mathbf{0{,}0275}$

$P'_{1-2} = 0{,}0313$ $P'_{2-3} = 0{,}0298$

(nach Ashida) $P''_{1-2} = \mathbf{0{,}0330}$ $P''_{2-3} = \mathbf{0{,}0320}$

$P_{1-2} = \mathbf{3{,}43 \cdot 10^{-5}}$ cm/Stunde

Die Werte der stündlichen Plasmolysegradänderung sind für Harnstoff $\Delta G_{1-2} = 0{,}0299$, $\Delta G_{2-3} = 0{,}0275$ (die Temperatur $t = 14{,}2$ bis $14{,}3^0$ war niederer als bei Versuch 1). Die Permeationskonstanten der Protoplasten sind $P'_{1-2} = 0{,}0313$, $P'_{2-3} = 0{,}0298$, und mit Berücksichtigung der Ashida-Korrektur $P''_{1-2} = 0{,}0330$ und $P''_{2-3} = 0{,}032$. Die Gleichmäßigkeit der Werte in den succedanen Zeitabschnitten belegt deren Zuverlässigkeit.

Im Methylharnstoff-Versuch nahm ich die Messung früher auf, nämlich schon 44 Minuten nach dem Eintragen der Schnitte ins Plasmolytikum. Die Konvexrundung wird durch die raschere Rückdehnung beschleunigt. Die Dauer der Vorwässerung und der Moment des Eintragens in die Lösung stimmen hier und im Harnstoff-Versuch überein. Die Zeitintervalle sind halb so lang gewählt.

Die Werte ΔG steigen zwar zum zweiten Intervall an, sind aber im dritten wieder ein wenig niedriger. Prämortale Erhöhung liegt also sicher nicht vor und der Versuchsverlauf läßt annehmen, daß auch noch keine oder keine wesentliche sekundäre Erhöhung der Permeabilität des Plasmas für Methylharnstoff unter dem Einfluß dieses Diosmotikums erfolgt ist. *Blechnum* ist darin für den

VERSUCH 3 (LV. 50) Ramsau, 30. IX. 1937 **1,2 mol Methylharnstoff**

Schnitt 80′ gewässert, entlüftet, 12h 25 in die Lösung, t = 14,3°C

	1. Messung 13h 09—15			2. Mess. 13h 43—46		3. Mess. 14h 13—16		4. Mess. 14h 47—50	
	b	l:h	G_1	$l_2—l_1$	G_2	$l_3—l_2$	G_3	$l_4—l_3$	G_4
1	15	29,9:48	0,523	1,1	0,545	1,4	0,575	1,6	0,608
2	15	23,8:35	0,543	1,2	0,577	1,5	0,619	1,4	0,660
3	15	26,8:41,5	0,530	1,2	0,559	2,2	0,612	1,5	0,648
4	15	22,2:32	0,544	1,6	0,594	1,4	0,637	1,6	0,685
5	15	23 :31	0,587	1,2	0,625	1,4	0,671	2,0	0,735
6	15	20,2:27	0,570	1,1	0,611	1,0	0,648	1,4	0,707
7	15	24,9:39	0,515	1,1	0,544		abgeplattet		
8	10½	27 :42	0,560	1,9	0,604	1,8	0,647	1,5	0,706

G_1 (Mittel) = 0,549 $G_2 = 0,5824$ $G_3 = 0,6299$ $G_4 = 0,6777$

$\Delta G_{1-2} = \mathbf{0,0662}$ $\Delta G_{2-3} = \mathbf{0,0842}$ $\Delta G_{3-4} = \mathbf{0,0763}$ $\Delta G_{1-4} = \mathbf{0,0756}$

$P'_{1-2} = 0,0712$ $P'_{2-3} = 0,0944$ $P'_{3-4} = 0,0900$

(nach Ashida) $P''_{1-2} = \mathbf{0,0778}$ $P''_{2-3} = \mathbf{0,1074}$ $P''_{3-4} = \mathbf{0,1058}$ $P''_{1-3} = \mathbf{0,0916}$

$P_{1-2} = \mathbf{8,56 \cdot 10^{-5}}$ cm/Stunde

exakten Vergleich der Permeationskonstanten für Harnstoff und Methylharnstoff wesentlich günstiger als auch mein früheres Objekt *Majanthemum* (vgl. 1934, S. 237—238).

Der Quotient entspricht hier noch zuverlässiger normalen Verhältnissen. Dieser Quotient $\frac{P''_{\text{Methylharnstoff}}}{P''_{\text{Harnstoff}}} = \frac{\text{METH}}{\text{HA}}$ beträgt 2,77 : 1[3].

Dem kommt auch schon der ohne die langwierige Berechnung erhaltene Wert $\frac{\Delta G_{\text{Methylharnstoff}}}{\Delta G_{\text{Harnstoff}}} = 2{,}64:1$ nahe.

Ich messe diesem Zahlenwert Bedeutung bei. Ich glaube annehmen zu dürfen, daß die Quotienten 2,5—2,8 einen Normalwert darstellen, der dem Normaltyp der Permeabilitätsreihen zuzuordnen ist.

Collander und Wikström haben 1949 in einer kritischen Studie gezeigt, daß der Wert $\frac{P_{\text{Methylharnstoff}}}{P_{\text{Harnstoff}}} = \frac{\text{METH}}{\text{HA}}$ nach 36 von verschiedenen Autoren und an verschiedenen Objekten gefundenen Daten 23mal zwischen 2—6fach liegt, in 9 Fällen kleiner als 2 und in 4 Fällen angeblich größer als 6 gefunden wurde.

Die Werte unter 2 leiten zum rapiden Harnstofftyp über, sie entsprechen einer auf Grund von Porenpermeation erleichterten Permeierfähigkeit des Harnstoffs, der ja kleiner molekular aber schwächer lipoidlöslich ist als der Methylharnstoff.

Die Werte über 6 beruhen wohl allgemein auf sekundärer Erhöhung der Methylharnstoffpermeabilität. Collander und Wikström verweisen auf Pecksieder (1947), die hervorhebt, daß bei Methylharnstoff „allerdings die Gefahr einer sekundären Erhöhung der Permeabilität größer ist als bei Harnstoff und Glyzerin; daher müssen besonders hohe Werte noch mit gewissem Vorbehalt betrachtet werden“.

Ich halte nun für wahrscheinlich, daß schon die über 3,5 gelegenen Werte wenigstens zum Teil durch sekundär erhöhte Methylharnstoff-Durchlässigkeit hervorgerufen werden[4].

[3] Der Quotient folgt aus dem Vergleich von P''^{HA}_{1-2} (13h 31 – 14h 33) und P''^{MET}_{1-3} (13h 09 – 14h 13). Wird nur der erste METH-Wert P_{1-2} (13h 09 – 43) zugrundegelegt, so ergibt sich METH : HA 2,5 : 1.

[4] Lenk (1956) hat an Conjugaten und Grünalgen oft „normale“, aber auch oft höhere Quotienten METH/HA beobachtet und betont, daß letztere nicht einer irreversibel-prämortalen Schädigung der Zellen entspricht. Vgl. auch Krebs (1952) für *Closterium Dianae* (METH/HA = 6,46).

Die Feststellung des Quotienten ist wichtig für die „Typenzuweisung“ (vgl. HÖFLER 1942, BOGEN 1956c) und für die Unterscheidung der Reihen des Normaltyps und bei porengeförderter Harnstoffpermeation (vgl. Abb. 1, S. 240). Solche schwache Förderung liegt wahrscheinlich schon bei *Chara ceratophylla* (METH/HA = 2 — COLLANDER u. BÄRLUND 1933) vor. Ein Beispiel für mäßig geförderte Harnstoffpermeabilität (METH/HA im Mittel = $= 1^1/_3$) gibt die von BIEBL (1948) untersuchte Blattstielepidermis von *Solanum tuberosum*. Viele Abstufungen finden sich bei den von URL (1951) untersuchten Stengelepidermen krautiger Pflanzen. Bei Epidermen vom rapiden Harnstofftyp sinkt METH/HA bis auf $^1/_2$—$^1/_5$.

Intrabilitätserhöhung des Plasmalemmas und Kappenbildung während des Deplasmolyseverlaufes in Methylharnstoff, wie sie BIEBL für *Solanum* beschrieb, wurde bei *Blechnum* nicht beobachtet.

Der folgende Versuch 4 ist mit Versuch 2 und 3 vergleichbar.

VERSUCH 4 (LV, 52) Ramsau, 30. IX. 1937 **1,2 mol Dimethylharnstoff**

Schnitt 150 Min. gewässert, mit den früheren entlüftet, 13^h 50 in die Lösung. Zellen um 12′ breit.

	1. Messung 14^h 01—05		2. Mess. 14^h 06—10		3. Mess. 14^h 21—25	
	$l_1:h$	G_1	l_2—l_1	G_2	l_3—l_2	G_3
1	23,8:33	0,600	1,3	0,639	3,7	0,751
2	21,6:28,5	0,618	1,1	0,656	2,6	0,748
3	37 :56	0,589	2,5	0,633	5,6	0,734
4	25,2:32	0,662	1,3	0,703	2,8	0,790
5	21,6:27	0,652	1,5	0,707	2,6	0,804
6	24,3:36	0,563	1,5	0,605	3,1	0,691
7	36,3:47	0,686	2,5	0,740	5,6	0,864
8	21,6:29	0,606	1,4	0,655	3,2	0,765
9	27,2:35	0,663	1,7	0,711	4,1	0,829
10	28,3:39	0,622	2,0	0,673	4,5	0,789

G_1 (Mittel) $= 0,6261$ $G_2 = 0,6722$ $G_3 = 0,7795$

$\Delta G_{1-2} = \mathbf{0,55}32$ $\Delta G_{2-3} = \mathbf{0,42}92$

$P'_{1-2} = \mathbf{0,62}0$ $P'_{2-3} = \mathbf{0,44}0$

(nach Ashida) $P''_{1-2} = \mathbf{0,67}6$ $P''_{2-3} = \mathbf{0,60}1$

$P_{1-2} = \mathbf{77,7}.10^{-5}$ $P_{2-3} = \mathbf{69,1}.10^{-5}$ cm/h

Der Dimethylharnstoff ist dem Methylharnstoff an Permeierfähigkeit etwa 7mal überlegen. *Blechnum* ermöglicht hier die Messung im Totalversuch. Bei *Majanthemum* wird die Durchlässigkeit durch Dimethylharnstoff so stark erhöht, daß sich brauchbare Totalwerte seinerzeit (1934, S. 238) nicht haben erzielen lassen. HOFMEISTER (1935) hat aber an einigen Objekten aus Partialversuchen Werte gewonnen.

c) Malonamid.

Bei der langsamen Rückdehnung wird hier die Plasmolyseform später meßbar. Ein entsprechend lang gewähltes Intervall von 135 Minuten ergibt einen durchschnittlichen Stundenwert der Ausdehnung von $\Delta G = 0{,}0169$. Die Durchlässigkeit für Malonamid liegt also relativ doch ziemlich hoch. Der vergleichbare Harnstoff-Wert (aus Versuch 2) $P'' = 0{,}033$ liegt im vorliegenden Fall nur etwa doppelt höher. Der Malonamid-Wert kann etwas zu hoch sein, da 7 schmälere Zellen verwendet wurden, doch liegen die Ausdehnungswerte für die breiteren Zellen ähnlich. Im folgenden Fünfstundenintervall sinkt die Rückdehnungsgeschwindigkeit stark ab. — Zum vergleichbaren Methylharnstoff-Wert (Versuch 3) verhält sich der Malonamid-Wert wie 1:5,5.—

BOGEN (1950) hat in einer interessanten theoretischen Studie die Permeationskonstanten des Malonamids als Bezugsgröße für die Anordnung der Permeabilitätsreihen verwendet, während die Reihen früher (HOFMEISTER 1935, HÖFLER 1934b, ELO 1937) auf die Harnstoff- oder Glyzerin-Werte als Einheit bezogen worden sind; er hält das Malonamid für weitgehend unschädlich, d. h. indifferent hinsichtlich der Permeabilitätsbeeinflussung.

BOGENS (1938) Motivierung, daß sowohl Glyzerin als auch Harnstoff hydratations- und permeabilitätändernd wirken und daher als Plasmolytika nur eine sekundär veränderte Permeabilität ergeben sollen, konnte und kann nicht anerkannt werden und ist wohl nicht aufrecht zu erhalten. Auf die Kritik wurde schon bei HÖFLER (1942, S. 193) und ROTTENBURG (1943) ausführlich eingegangen.

BOGEN vergleicht mit dem Malonamid das Permeationsvermögen der Nichtleiter Erythrit, Glyzerin und Harnstoff, Methylharnstoff, Glykol und Acetamid. Bei graphischer Darstellung in dem seit HOFMEISTER (1935) üblichen logarithmischen Maßstab lassen sich nach BOGEN durch die Permeationskonstanten der 7 genannten Stoffe 7 Gerade ziehen, um die die Punkte gehäuft erscheinen, und diese „Permeabilitätsgeraden" laufen nicht parallel (vgl. seine Abbildungen, 1950, S. 72, 75, 1956c, S. 244), sondern konvergieren nach rechts, d. h. nach Objekten höherer Malonamidpermeabilität. Die Neigung der Geraden sei nach dem Ultrafilterprinzip abzuleiten und ihre Stellung sei befriedigend durch einen Faktor Z, dessen Funktion

VERSUCH 5 (LV 53 Ramsau, 30. IX. 1957 **0,8 mol Malonamid**

Schnitt etwa 120′ gewässert, 13^h 06 in die Lösung, t = 13—14,2°C

	1. Messung 15^h 06—13			2. Mess. 17^h 21—28		3. Mess. 22^h 21—28		4. Mess. 1. X. 14^h 20	
	b	$l_1:h$	G_1	$l_2—l_1$	G_2	$l_3—l_2$	G_3	$l_4—l_3$	G_4
1	7,5	29 :38	0,696	1,6	0,739	0,5	0,752	+ 3,5	0,847
2	7,5	35,3:53	0,619	2,4	0,664	1,3	0,689	—0,3	
3	7,5	40,9:55	0,698	1,7	0,739	1,3	0,751	—1,0	
4	7,5	36,4:46	0,736	1,7	0,774	1,0	0,795	—0,7	
5	7,5	32,1:40	0,740	1,7	0,783	1,4	0,817	—0,4	
6	7,5	37,7:50	0,694	1,5	0,724	1,4	0,751	+ 0,8	0,768
7	7,5	38,8:47	0,772	1,6	0,806	1,3	0,834	—0,2	
8	11	35,3:43	0,736	1,8	0,779	1,4	0,812	—1,5	
9	10,5	43,5:55	0,727	1,9	0,761	1,7	0,793	+ 0,7	0,805
10	11	30,8:35	0,760	1,0	0,789	0,8	0,811	—0,5	

G_1 (Mittel) = 0,718 $G_2 = 0,756$ $G_3 = 0,781$

$\Delta G_{1-2} = \mathbf{0,0169}$ $\Delta G_{2-3} = \mathbf{0,0051}$

$P'_{1-2} = \mathbf{0,0181}$ $P'_{2-3} = \mathbf{0,0057}$

(nach Ashida) $P''_{1-2} = \mathbf{0,0186}$ $P''_{2-3} = \mathbf{0,0059}$

die Permeabilität sei, wiederzugeben. Z ist direkt proportional dem Verteilungskoeffizienten Öl/Wasser und umgekehrt proportional der Molekularrefraktion, d. h. dem Molekularvolumen.

$$Z = \frac{\text{Verteilungskoeffizient Olivenöl/Wasser}}{\text{Molekularrefraktion}}$$

Damit wurde erstmalig auch von BOGEN neben der Molekülgröße auch die ursächliche Rolle der durch den Verteilungskoeffizienten bemessenen Lipoidlöslichkeit zugegeben; er hält später freilich wieder an seiner Ablehnung der Lösungstheorie fest (1956c, S. 245) und rekurriert auf die Wirkung „zwischenmolekularer Kräfte" und ein „Prinzip der räumlichen Durchdringung". „Die scheinbare Abhängigkeit der PK (Permeationskonstanten) vom Verteilungskoeffizienten K spiegelt also nur die Abhängigkeit vom Energiegehalt, von den ZMK (zwischenmolekularen Kräften) wieder; der experimentell bestimmte Verteilungskoeffizient darf nur stellvertretend für eine theoretische Größe verwendet werden (Ausmaß und Anordnung der ZMK) und beweist durchaus nicht die Mitwirkung von Lösungsvorgängen bei der Permeation." Vgl. 1956e, S. 447.

BOGEN hat (l. c. 1950) u. a. nicht berücksichtigt, daß die hochlipoidlöslichen, durch alle Plasmen rasch permeierenden Stoffe – wie z. B. schon die undissoziierten basischen Vitalfarbstoffe – sich seinem Schema durchaus nicht einfügen!

d) Glyzerin.

Die folgenden Versuchspaare in Glyzerin und Harnstoff sind vergleichbar.

VERSUCH 6a (LV, 4) Ramsau, 23. IX. 1937 **1,2 mol Glyzerin**

Schnitt 74′ gewässert, eingelegt 12h 59, Zellen um 12′ breit, t = $12^1/_2$°C

	1. Messung 13h 32—37		2. Messung 15h 17—24		3. Messung 17h 05—15	4. Messung 24. IX 13h 35—41
	h	l_1	$l_2—l_1$	G_2	$l_3—l_2$	$l_4—l_3$
1	42	25,3	—2,2	0,507	+ 1,1	+ 6,1
2	43	32		0,651	+ 1,0	+ 6,7
3	35	22	—0,3	0,514	(+ 0,2)	+ 4,2
4	40	25,3	—1,0	0,533	+ 0,7	+ 6,3
5	38	24	—1,2	0,525	+ 0,4	Kappenpl.
6	32	22,7	—0,9	0,584	(> 0,1)	+ 3,6
7	35	22,3	—1,4	0,522	+ 0,2	+ 3,4
8	61	34,8		0,570	+ 1,4	
9	45	26,4		0,498	+ 1,2	
10	44	25,1		0,479	+ 1,1	
11	39	23,7		0,505	+ 0,7	
12	36			0,494	+ 0,8	+ 5,0

$\Delta G_{2-3} = 0,0114$ $\Delta G_{3-4} = 0,00689$

$P'_{2-3} = 0,0116$ $P'_{3-4} = 0,00772$

$P''_{2-3} = 0,0118$

Im ersten Intervall ergab ein Teil der Protoplasten noch Verkleinerung. Nur das zweite Messungsintervall ist brauchbar. Die erste Messung hatte zu früh stattgefunden; bei den *Blechnum*-Zellen wurde weiterhin nicht früher als nach 1 bis $1^1/_2$ Stunden erstmals gemessen.

Ein gleicher Glyzerinversuch vom selben Tag (gewässert 114 Min., 1. Messung 15^h 38—45, 2. Messung 17^h 24—32) ergab im Mittel für 9 Zellen $\Delta G = 0{,}00656$, $P' = 0{,}0084$.

VERSUCH 6b (LV, 1) Ramsau, 23. IX. 1937 **1,0 mol Harnstoff**

Schnitt 1 Stunde gewässert, eingetragen 12^h 38

	1. Messung 13^h 14—21		2. Mess. 14^h 59—15^h 06		3. Mess. 16^h 45—51	
	$l_1:h$	G_1	$l_2—l_1$	G_2	$l_3—l_2$	G_3
1	33,4:49	0,600	+ 2,8	0,657	+ 3,0	0,717
2	38,1:53	0,639	+ 3,0	0,695	+ 4,1	0,774
3	25,2:33	0,651	+ 2,2	0,717	+ 2,5	0,793
4	23,5:34	0,625	+ 1,6	0,673	+ 2,4	0,744
5	29,5:42	0,606	+ 2,4	0,664	+ 3,1	0,714
6	34,9:50	0,618	+ 2,3	0,663	+ 3,6	0,732
7	26,7:32	0,677	+ 0,2	0,684	+ 1,9	0,744
8	27,7:38	0,597	+ 1,5	0,636	+ 3,5	0,729

(ohne Zelle 7) $\Delta G_{1-2} = 0{,}0314$ $\Delta G_{2-3} = 0{,}0415$

$P'_{1-2} = 0{,}0330$ $P'_{2-3} = 0{,}0443$

$P''_{1-2} = 0{,}0339$ $P''_{2-3} = 0{,}0455$

Schnitt nach Rückgang der Plasmolyse in 0,80 mol Traubenzucker übertragen, hier neuerliche Plasmolyse, diese zeigt noch am 28. IX. den mittleren Grad $G = 0{,}73$.

Die *Blechnum*-Zellen sind für Glyzerin etwa $^1/_4$—$^1/_3$mal so rasch durchlässig wie für Harnstoff. Das stimmt mit den für *Majanthemum* gegebenen Werten gut überein. Ähnlich liegen auch zahlreiche Vergleichswerte, die sich bei der Durcharbeitung der Lebermoose (PECKSIEDER 1947), der Desmidiaceen (KREBS 1952), der Zygnemataceen und Chlorophyceen (LENK 1956) ergeben haben. Ich teile diesmal auch die Werte der Kontrollmessung vom folgenden Tag (4. Messung) mit, sie zeigt, daß nicht nur die Protoplasten im Glyzerin noch leben, sondern daß auch eine gewisse Ausdehnung stattgefunden hat, die aber, zeitlich gehemmt und vielleicht von Exosmose überlagert, im 19-Stunden-Intervall

VERSUCH 7a (LV, 36) Ramsau, 28. IX. 1937 **1,0 mol Glyzerin**

Schnitt 140′ gewässert, 12^h eingetragen, t (Lösung) = 19,6°C

	1. Messung 13^h 07—12		2. Mess. 13^h 46—51		3. Mess. 14^h 53—57		4. Mess. 17^h 30—34	
	$l_1 : h$	G_1	$l_2 - l_1$	G_2	$l_3 - l_2$	G_3	$l_4 - l_3$	G_4
1	22,5:26	0,692	+ 1,4	0,746	+ 0,2	0,754	+ 1,1	0,796
2	44 :66	0,598	+ 1,0	0,614	+ 2,8	0,655	+ 4,2	0,720
3	43,1:61	0,616	+ 1,3	0,637	+ 0,7	0,650	+ 3,9	0,713
4	31,5:40	0,675	+ 0,7	0,692	+ 1,4	0,727	+ 2,5	0,765
5	:33			0,590	+ 0,9	0,617	+ 2,1	0,681
6	20,5:27	0,592	+ 0,9	0,625	+ 0,7	0,652	+ 1,2	0,695
7	31,1:46	0,578	+ 0,7	0,594	+ 2,2	0,641		
8	32,2:46	0,602	+ 0,9	0,622	+ 1,8	0,660		

$\Delta G_{1-2} = \mathbf{0{,}027}7$ $\Delta G_{2-3} = \mathbf{0{,}024}4$ $\Delta G_{3-4} = \mathbf{0{,}023}3$

$P'_{1-2} = \mathbf{0{,}023}2$ $P'_{2-3} = \mathbf{0{,}026}0$ $P'_{3-4} = \mathbf{0{,}027}0$

$P''_{1-2} = \mathbf{0{,}029}6$ $P''_{2-3} = \mathbf{0{,}027}0$ $P''_{3-4} = \mathbf{0{,}029}2$

schwächer ist, als es der bloßen Abnahme des Glyzerinpartialgefälles entspräche[6].

Der folgende Versuch ist bei relativ hoher Temperatur (19,6⁰) am wärmsten Spätsommertag des Jahres 1937 durchgeführt und gibt für Glyzerin Werte, die relativ stärker erhöht sind als die vergleichbaren Werte des Harnstoffversuches vom selben Tag.

VERSUCH 7b (LV, 33) Ramsau, 28. IX. 1937 **1,2 mol Harnstoff**

Schnitt 135′ gewässert, 12^h eingetragen, t = 19,6⁰C

1. Messung 12^h 52—59, 2. Messung 13^h 55—14^h 02, 3. Messung 17^h 02—13

Z.	h	$l_2—l_1$	$l_3—l_2$	Z.	h	$l_2—l_1$	$l_3—l_2$
1	43	+ 2,7	+ 2,1	7	45	+ 2,7	+ 2,4
2	44	+ 3,2	+ 2,5	8	30	+ 1,8	+ 1,8
3	44	+ 3,3	+ 4,5	9	37	+ 1,9	+ 2,0
4	37	+ 4,8	+ 5,5	10	35	+ 1,4	+ 1,9
5	33	+ 2,0	+ 1,8	11	31	+ 2,1	+ 1,3
6	37	+ 3,5	+ 4,8	12	34	+ 1,1	+ 1,3

$G_1 = 0,573$ $G_2 = 0,640$ $G_3 = 0,710$

$\Delta G_{1-2} = \mathbf{0,0639}$ $\Delta G_{2-3} = \mathbf{0,0521}$

$P'_{1-2} = \mathbf{0,0705}$ $P'_{2-3} = \mathbf{0,0625}$

$P''_{1-2} = \mathbf{0,0752}$ $P''_{2-3} = \mathbf{0,0677}$

Das Verhältnis der Permeabilität in Glyzerin und in Harnstoff ist hier nur 1:2,6. Ob darin der von WARTIOVAARA (1942) nachgewiesene höhere Temperaturkoeffizient der Permeabilität für die größermolekulare Verbindung Glyzerin zum Ausdruck kommt, muß noch dahingestellt bleiben. Nach WARTIOVAARA (l. c. S. 88) ist Q_{10} (10—20⁰) bei *Tolypellopsis* für Harnstoff 2,57, für Glyzerin aber 3,53.

Daß die Relation der Glyzerin- zur Harnstoffpermeabilität für die gleichen Zellen im Jahresverlauf keineswegs konstant bleibt, ist seit HOFMEISTERs (1938) grundlegender Beobachtung an *Ranunculus repens*-Zellen bekannt. Diese zeigen im Sommer Harnstofftyp, im Herbst Glyzerintyp. LENK (1953, 1956) hat dann an großem Versuchsmaterial nachgewiesen, daß auch bei Algen (wo Stoff-

[6] Nach tageszeitlichen Schwankungen der Permeabilität der *Blechnum*-Zellen bleibt zu suchen. Mehrfach wurde ein Absinken der Permeabilität in den Abend- und frühen Nachtstunden beobachtet; doch fehlen noch Versuche, die erst in den Abendstunden eingeleitet werden.

wanderung u. dgl. nicht in Frage kommt) recht allgemein Harnstofftyp im Sommer mit Glyzerintyp im Winter wechselt. So starke Überlegenheit des Glyzerins, wie sie von *Rhoeo* bekannt ist, wird allerdings bei Zellen, die zur guten Jahreszeit den Harnstofftyp zeigen, im Winter nie erreicht.

Ich teile noch einen Glyzerinversuch vom 29. IX. gekürzt mit, der mit dem folgenden Erythritversuch und den Zuckerversuchen vergleichbar ist.

VERSUCH 8 (LV, 45) Ramsau, 29. IX. 1937 **1,0 mol Glyzerin**

5 Stunden gewässert, 15^h 07 eingetragen, 1. Messung 16^h 14—20, 2. Messung 17^h 23—27, 3. Messung 22^h 04—08, 4. Messung 30. IX. 12^h 51—57; 1—5 Zellen einer schmäleren, gut geformten Zellreihe nahe am Bündel; — 6—11 breitere Zellen darüber, t = 17°C

Z.	h	$l_2—l_1$	$l_3—l_2$	$l_4—l_3$	Z.	h	$l_2—l_1$	$l_3—l_2$	$l_4—l_3$
1	48	+ 0,9	+ 3,9	+ 5,7	6	31	+ 0,3	+ 1,7	+ 3,0
2	63	+ 0,8	+ 4,4	+ 6,1	7	34	+ 0	+ 2,0	+ 1,6
3	47	+ 1,1	+ 3,7	+ 3,4	8	38	+ 0,1	+ 1,9	+ 2,3
4	47	+ 1,3	+ 3,7	+ 4,0	9	46	+ 0,5	+ 2,4	+ 4,6
5	43	+ 1,1	+ 2,7	+ 4,0	10	51	+ 0,8	+ 3,1	+ 5,5
					11	25	+ 0,1	+ 1,4	+ 2,5

ΔG = **0,0159, 0,0137, 0,00600**

P' = **0,0163, 0,0147, 0,0070**

P''_{1-2} = **0,0168**, P''_{2-3} = **0,0157**, P_{3-4} = **0,0078**

Der zugehörige Harnstoffversuch ergibt ΔG = 0,082 für die schmäleren, ΔG = 0,039 für die breiteren Zellen, die Werte liegen etwa 4mal höher.

e) Erythrit, Trauben- und Rohrzucker

Der vierwertige Alkohol Erythrit (Mol.-Gew. 122,1, Mol.-Vol. 130,2) ist ein vorzügliches Plasmolytikum und liefert als Diosmotikum plasmometrisch gut faßbare Werte. Die Rückdehnung erfolgt langsam. Erythrit geht aber außer bei der extrem amidophoben *Rhoeo* doch überall langsamer als Malonamid, aber seine Stellung in den Permeabilitätsreihen ist eine einigermaßen wechselnde (vgl. z. B. Elo 1937, S. 95, Höfler 1942, S. 185, Bogen 1950), ohne daß es bisher gelungen wäre, solches Verhalten bei der „Typenbildung" zu berücksichtigen oder zu verwerten.

VERSUCH 9 (LV. 42) Ramsau 29. IX. 1937 0,8 mol **Erythrit**

Schnitt 80′ gewässert, eingelegt 11h 50, Zellen 11′—13′ breit, t: 17°—15° C

	1. Messung 13h 20—30		2. Mess. 14h 20—28		3. Mess. 16h 02—10		4. Mess. 22h 17—23		5. Mess. 30. IX. 11h 56 f.	
	$l_1 : h$	G_1	$l_2—l_1$	G_2	$l_3—l_2$	G_3	$l_4—l_3$	G_4	$l_5—l_4$	G_5
1	31,6 : 44	0,618	0,4	0,626	1,0	0,649	2,0	0,695	0,3	0,702
2	31,9 : 45	0,611	0,3	0,618	1,2	0,644	1,6	0,680	0,4	0,689
3	41,1 : 60	0,615	0,9	0,630	1,3	0,652	1,9	0,684	1,1	0,702
4	33,2 : 46	0,583	0,8	0,600	0,9	0,619	3,4	0,693	0,8	0,713
5	36,8 : 54	0,600	0,8	0,615	1,6	0,641	2,0	0,676	1,3	0,705
6	33,0 : 46	0,621	0,6	0,635	0,8	0,652	1,8	0,691	0,8	0,708
7	33,0 : 47	0,617	0,2	0,621	1,2	0,647	0,8	0,664	1,0	0,684
8	31,7 : 43½	0,636	0,6	0,650	1,0	0,673	2,5	0,730	0,4	0,740
9	25,4 : 36	0,595	0,3	0,602	0,7	0,622	1,0	0,650	0,5	0,663
10	27 : 33	0,687	0	0,687	0,6	0,705	1,5	0,750	—0,1	
11					1,4	0,560	2,4	0,601	2,2	0,639
12	:49		0,3	0,610	0,9	0,629	2,4	0,677	0,7	0,692

G_1(Mittel) = 0,618	G_2 = 0,626	G_3 = 0,641	G_4 = 0,682	G_5 = 0,694
	ΔG_{1-2} = 0,008	ΔG_{2-3} = 0,0075	ΔG_{3-4} = 0,00625	ΔG_{4-5} = 0,00085
	P'_{1-2} = **0,00814**	P'_{2-3} = **0,00771**	P'_{3-4} = **0,00660**	
(nach Ashida)	P''_{1-2} = **0,00823**	P''_{2-3} = **0,00781**	P''_{3-4} = **0,00679**	

Relativ gesehen, zeigt der folgende Versuch mit *Blechnum* eine ziemlich rasche Rückdehnung. Im ersten Intervall, 90 bis 150 Min. nach dem Eintragen, ist die Ausdehnung im Gang, im folgenden Zeitabschnitt dauert sie recht gleichmäßig an, im dritten, 6stündigen Intervall ist sie nur wenig kleiner. Auch am folgenden Tag lebt nicht nur alles, sondern 11 von 12 Protoplasten haben sich noch ein wenig ausgedehnt, doch ist die Erythritendosmose jetzt herabgesetzt und wohl auch durch Exosmose von Vakuolenstoffen überlagert. Die Werte der ersten drei Intervalle lassen die Permeation berechnen.

Die Permeationskonstante ist relativ recht hoch, sie erreicht fast den halben Wert wie beim Glyzerin. Die *Blechnum*-Werte sind etwa eineinhalbmal so hoch wie die von *Majanthemum* (Höfler 1934, S. 242), während für Glyzerin die Werte hier bei *Blechnum* niedriger liegen.

Ein orientierender Erythritversuch vom 24. VIII. 1955 ergibt sogar — bei 20°C — im ersten und zweiten Intervall noch raschere Rückdehnung, $\Delta G = 0{,}016$, dann über Nacht und Tag stationäre Werte um $\Delta G = 0{,}003$.

VERSUCH 10 (CXXII, 40) Ramsau, 24. VIII. 1955 **1,0 mol Erythrit**

61 Minuten gewässert, 11h 44 eingetragen, 1. Messung 12h 35f., 2. Messung 14h 05f., 3. Messung 16h 06f., 4. Messung 19h 05f., 5. Messung 25. VIII. 9h 05f., 6. Messung 19h 05f., t um 20°C. Revision 26. VIII. 9h 05f

$\Delta G_{1-2} = \mathbf{0{,}016}$ $\Delta G_{2-3} = \mathbf{0{,}010}$ $\Delta G_{3-4} = \mathbf{0{,}0036}$ $\Delta G_{4-5} = \mathbf{0{,}003}$ ($\Delta G_{5-6} = 0{,}0005$)

Die Versuche mit Traubenzucker können kürzer behandelt werden, da hier ausführliche Messungen aus dem Jahr 1957 (vgl. Url 1958) vorliegen. Auch für Traubenzucker ist die Rückdehnung plasmometrisch gut faßbar.

Vergleichbar mit dem ausführlich mitgeteilten Erythritversuch ist der folgende Versuch vom 29. IX., bei dem von der 2. zur 5. Stunde raschere, dann verlangsamte Rückdehnung beobachtet wurde.

VERSUCH 11 (LV, 41) Ramsau, 29. IX. 1937 **0,8 mol Traubenzucker**

Schnitt 80′ gewässert, eingelegt 11h 50, 1. Messung 13h 05—12, 2. Messung 14h 11—17, 3. Messung 15h 53—16h 00, 4. Messung 22h 29—37, 5. Messung 30. IX. 11h 37—47, Revision 1. X. 13h 16—26, t um 17°C

$\Delta G_{1-3} = \mathbf{0{,}00655}$ $\Delta G_{3-4} = \mathbf{0{,}00329}$ $\Delta G_{4-5} = \mathbf{0{,}00184}$

VERSUCH 12 (LV, 38) Ramsau, 28. IX. 1937 **0,8 mol Traubenzucker**

Schnitt 140′ gewässert, 12h eingelegt, Zellen um 12′ breit, t = 19,6° C

	1. Messung 13h 30—40		2. Mess. 17h 38—45		3. Mess. 21h 08—15		4. Mess. 29. IX. 8h 36	
	$l_1:h$	G_1	$l_2—l_1$	G_2	$l_3—l_2$	G_3	$l_4—l_3$	G_4
1	44,6:67	0,606	1,6	0,630	1,0	0,644	—0,7	
2	42 :62	0,612	2,3	0,650	1,5	0,674	0,2	0,677
3	32,5:45	0,633	1,7	0,670	0,1	0,673	1,3	0,701
4	40,9:60	0,615	1,3	0,635	1,5	0,660	1,3	0,682
5	35 :51	0,608	1,3	0,634	1,2	0,656	0,6	0,668
6	44 :64	0,625	2,5	0,664	0,1	0,666	1,8	0,694
7	31,1:41	0,661	1,4	0,695	1,4	0,729	1,3	0,760
8	34,2:47	0,642	0,5	0,652	0,5	0,663	1,0	0,685
9	30,2:41	0,639	3,1	0,690	3,1	0,790	1,9	0,827

$G_1 = 0,627$ $G_2 = 0,658$ $G_3 = 0,684$ $G_4 = 0,713$

$\Delta G_{1-2} = \mathbf{0,0075}6$ $\Delta G_{2-3} = \mathbf{0,0074}2$

Am 28. IX., dem warmen Spätsommertag, zeigte sich auch im Traubenzucker noch etwas raschere Wiederausdehnung.

Der Versuch ist mit dem Glyzerinversuch 7a und Harnstoffversuch 7b vergleichbar, die Rückdehnung erfolgte im Glyzerin um 3,5mal, im Harnstoff um 8mal so schnell.

Der folgende Versuch ist vergleichbar mit einem orientierenden Rohrzucker-Versuch, welcher zeigt, daß die Rückdehnung im Rohrzucker hier nur etwa halb so schnell wie im Traubenzucker vor sich geht.

VERSUCH 13a (LV, 56) Ramsau, 30. IX. 1937 **0,8 mol Traubenzucker**

Schnitt 45′ gewässert, 16^h 35 eingetragen, 1. Messung 17^h 41—48, 2. Messung 22^h 33—40, Zellen um 12′ breit, t um 13° C.

	h	G_1	$l_2—l_1$		h	G_1	$l_2—l_1$
1	47	0,597	0,1	9	31	0,594	1,0
2	47	0,583	1,2	10	31	0,600	1,4
3	44	0,629	0,3	11	46	0,604	1,1
4	48	0,575	1,7	12	31	0,729	0,6
5	44	0,620	1,4	13	33	0,615	1,1
6	42	0,578	1,6	14	34	0,555	0,6
7	44	0,559	1,5	15	36	0,597	1,4
8	58	0,456	1,5	16	42	0,614	0,2

$\Delta G = 0{,}00550$ $(P' = 0{,}00562)$

VERSUCH 13b (LV, 57) Ramsau, 30. IX. 1937 **0,8 mol Rohrzucker**

Schnitt 45′ gewässert, 16^h 35 eingetragen, 1. Messung 17^h 57 bis 18^h 05, 2. Messung 22^h 45—51 (Revision 1. X. 13^h 50)

$\Delta G_{1-2} = 0{,}00213$

Es darf nicht übersehen werden, daß der Schluß von der Rückdehnung auf die Permeation bei den Zuckern unsicherer ist als bei den rascher diosmierenden Plasmolyticis. Einerseits ist ja Zucker möglicherweise im Zellsaft vorhanden und das Partialgefälle daher unbekannt. Ferner fallen die Fehlerquellen durch Exosmose usw. naturgemäß stärker ins Gewicht. Dann verhindert aber nach Bogens und Prells (1953) und Prells (1955) — von uns (Höfler u. Url 1957) bestätigten — Befunden ein Zusatz von Stoffwechselgiften, wie Natriumacid und Dinitrophenol, die Rückdehnung der Protoplasten in Zucker. Erneute Untersuchung und Diskussion ist geboten; es erscheint möglich, daß die Permeation der Zucker etwa im Sinne von Rosenberg und Wilbrandt „enzymatisch kontrolliert“ erfolgte.

f) Formamid

Das Mol.-Gew. beträgt 45, das Mol.-Vol. 46,7, die Mol.-Refraktion 10,6. Die Permeabilität ist zuerst von BÄRLUND (1929, S. 30, 102) an *Rhoeo* untersucht worden, u. zw. unter Anwendung eines Partialverfahrens, wobei nach FITTINGS (1915, 1919) Vorgang in fein gestuften Konzentrationsreihen von Zucker plasmolysiert wurde und sodann aber die Schnitte in gleiche Lösungen mit je 0,2 mol Formamid-Zusatz überführt wurden; die Zellen wurden dabei nicht geschädigt. BÄRLUND fand die Permeabilität des *Rhoeo*-Plasmas für Formamid viel höher als der relativen Ätherlöslichkeit nach zu erwarten wäre. In HOFMEISTERS (1935) Versuchen erwies sich das Formamid im Partial- und Totalverfahren bei den meisten Objekten als schädlich; orientierende Werte für die Permeationskonstanten lagen, mit Harnstoff verglichen, bei *Muscari* 26,5mal, bei *Potamogeton lucens* 16,1mal höher. Bei *Chara ceratophylla* hatten COLLANDER und BÄRLUND (1933) 19,3mal raschere Permeabilität gefunden, wogegen die Verteilungskoeffizienten für Äther/Wasser 2,98mal, für Öl/Wasser 5,07mal höher als bei Harnstoff liegen. All dies läßt darauf schließen, daß dem Formamid der Porenweg (Wasserweg) durch das Plasma offensteht. COLLANDER (1949) vergleicht dann unter Verwendung mehrerer Zellsorten das Permeiervermögen von Formamid, Acetamid (Mol.-Gew. 59, Mol.-Vol. 68,7), Propionamid (Mol.-Gew. 71,5, Mol.-Vol. 90,7) mit der plasmometrischen Simultanmethode — aufeinanderfolgender Einwirkung von Amid-Zucker-Mischlösungen auf dieselben Protoplasten — und findet ausnahmslos, daß das Formamid rascher permeiert als das etwa doppelt besser lipoidlösliche Acetamid (während das Verhältnis von Acet- und Propionamid etwa dem der Lipoidlöslichkeit beider entspricht). URL (1952) bestätigt beim Vergleich der drei Amide in sorgfältigen plasmometrischen Versuchen die COLLANDERschen Befunde und weist nach, daß auch bei Plasmen von Stengelepidermen des rapiden Harnstofftyps das Acetamid viel langsamer geht als das Formamid, daß jenem also auch dort der dem Harnstoff gangbare Porenweg versperrt bleibt, trotz der ähnlichen Mol.-Gewichte von 62 gegen 60.

URL hat auch *Blechnum*-Zellen verwendet. Seine Werte, die ersten im Schrifttum für das Objekt mitgeteilten (1952, S. 294), geben nach der HOFMEISTERschen Partialmethode als Mittelwert von P'_p für Formamid 1,745 gegen Acetamid 1,056 und Propionamid 2,792. Letzteres zeigt wie zu erwarten rascheren Durchtritt auf dem Lipoidweg. Beim Formamid aber, das schwächer lipoidlöslich als Acetamid ist, beruht der raschere Durchtritt zweifellos auf Porenpermeation.

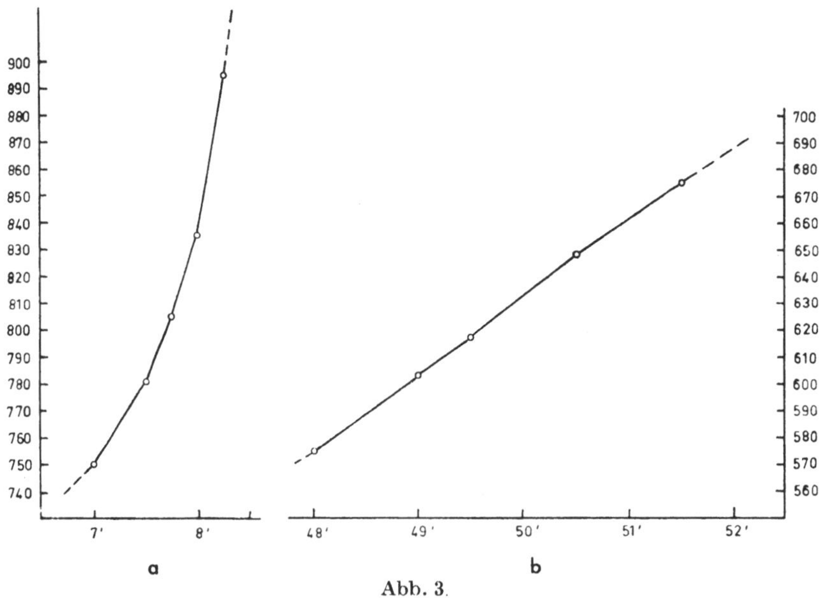

Abb. 3.

Die *Blechnum*-Protoplasten haben nun erstmalig auch mit Formamid plasmometrische Versuche nach dem Totalverfahren ermöglicht. Zwar beobachtet man in reinen hypertonischen Lösungen oft ansteigende, sichtlich pathologisch erhöhte Wiederausdehnung (Abb. 3a). Es gelang aber in manchen Versuchen, Rückdehnung gleichmäßigen Tempos bis zur Deplasmolyse festzulegen (Abb. 3b).

VERSUCH 14 (CXXII, 51) Ramsau, 24. VIII. 1955 **0,8 mol Formamid**

Gewässerter Schnitt 13h 04′ 30″ in Fläschchen mit 0,8 mol Formamid, b = 12, t = 20°C. Vgl. Abb. 3a

13h 06′ 30″ allgemein schöne Konvexplasmolyse

	l:h	G
07′ 0″	(7—56,8):61	0,750
07′ 30″	(7—58,7)	0,781
07′ 45″	(7—60,1)	0,805
08′ 0″	(6—61)	0,835
08′ 15″	(4,5—62)	0,894
08′ 30″	(2—62)	(0,918)

Protoplast platzt

VERSUCH 15 (CXXII, 45) Ramsau, 19. VIII. 1955 **1,0 mol Formamid**

Schnitt $12^h 43' 10''$ in die Lösung eingebracht. Zellbreite b = 12'. Vgl. Abb. 3b

	l : h	G
$12^h 48'$	(4—28):33	0,575
49'	(3,1—28)	0,603
49' 30"	(3—28,4)	0,617
50' 30"	(2—28,4)	0,648
51' 30"	(2—29,3)	0,675

Meniskus bei 30 verdeckt, Zelle lebt weiter.

In $3^1/_2$ Min. ($12^h 48'$—$51^1/_2'$) G_5—G_1 = 0,100
ΔG = 1,61

Der in Abbildung 4 wiedergegebene Versuch wurde im Dezember 1957 im Wiener Institut an *Blechnum* ausgeführt, das ich anfangs Oktober mit großem Wurzelballen ausgehoben und nach Wien gebracht hatte, wo es seither im Kalthaus kultiviert wurde. Der gewässerte Schnitt kam in 1,5 mol Formamid, nach $1^1/_4$ Min. unter Deckglas. Alle Protoplasten bereits schön gerundet. $2^1/_2$ Min. nach dem Eintragen begann die Messung. Der Protoplast dehnt sich nun 4 Min. lang stetig und linear aus, dann tritt allmählich beschleunigte Rückdehnung ein. Nach 7 Min. 50 Sek. Moment der Deplasmolyse. — Das verwendete Formamid (Merck) wurde kurz vor dem Versuch in der Weise gereinigt, daß es zunächst (zum Abbinden eventuell vorhandener Spuren von Ameisensäure) 24 Stunden lang über $CaCO_3$ stehen gelassen und anschließend im Vakuum destilliert wurde. Es war danach völlig farb- und geruchlos; $p_H = 7{,}5-8$.

Das Platzen der Protoplasten im Formamid-Totalversuch wird wahrscheinlich nicht durch chemische Schädigung des Plasmas, sondern durch die mechanische Beanspruchung bei der raschen Ausdehnung der Protoplasten verursacht.

Vergleicht man die für intakte *Blechnum*-Zellen gefundenen Werte mit den Werten für Harnstoff, so ergibt sich für den Quotienten $\Delta G_{Form}/\Delta G_{Ha}$ eine etwa 30fache Überlegenheit des Formamids.

Wenn auch pathologische Erhöhung der Total- (und selbst der Partial-) Werte nicht außerhalb des Bereiches des Möglichen liegt, so ist doch aus den Versuchen zu entnehmen, daß das Formamid den Porenweg auch bei dem recht „dichten" Plasma von *Blechnum* benützt, das den Normaltyp der Permeabilität repräsentiert.

In vergleichenden Formamid-Versuchen, die ich gemeinsam mit W. URL im Sommer 1955 durchführte, haben sich noch

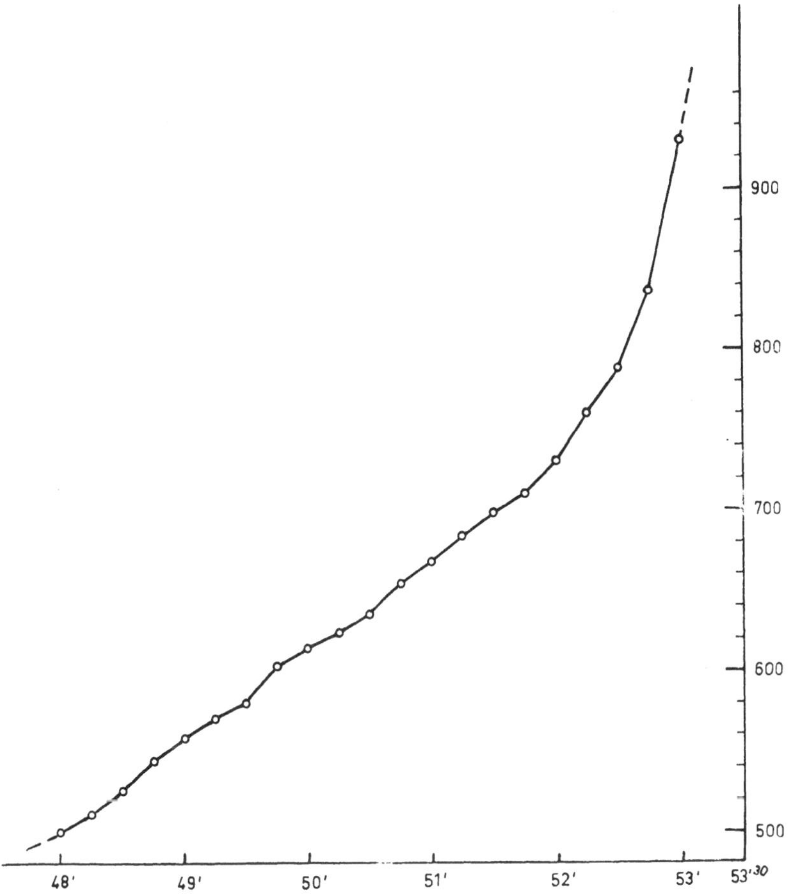

900
800
700
600
500
48'
49'
50'
51'
52'
53'
53'30

Abb. 4.

resistentere Objekte als *Blechnum* gefunden, bei denen im Totalversuch Werte für $\Delta G_{Form}/\Delta G_{Ha}$ ermittelt werden konnten. So geben Zellen aus Blättchen des Lebermooses *Scapania paludosa* Quotienten um 40. Es ist aber bisher noch nicht gelungen, ein Objekt aufzufinden, bei dem auch das Verhältnis der Permeationskonstanten von Formamid und Harnstoff dem Verhältnis der Verteilungskoeffizienten entspricht oder nahekommt. So läßt sich wohl sagen, daß alle bisher bekannten Plasmen „Poren" besitzen, die für Moleküle von der Größe des Formamids (46,7) gangbar sind. Der Schluß wurde auch schon von Url (1952) gezogen.

Ein wichtiger Schritt im Ausbau der Lipoidfilter-Theorie geschah durch WARTIOVAARAS Hinweis auf die Bedeutung der Molekülform. Er und URL heben hervor, daß der Sieb- bzw. Porenweg für Moleküle mit sperrigem Bau schwerer gangbar ist. WARTIOVAARA u. TIKKANEN (1951) sagen geradezu „die Ultrafilterwirkung des Protoplasmas scheint mehr vom Bau der permeierenden Moleküle als von ihrer Größe abhängig zu sein".

Die Moleküle von Harnstoff und Formamid sind vom erwähnten Gesichtspunkt gut vergleichbar, weil beide, stereochemisch gesehen, ziemlich rund gebaut sind und die Poren- bzw. Siebpermeation also nicht wie beim Acetamid etwa durch die hydrophobe Methylgruppe behindert zu denken ist.

g) Glykol.

Für diese Verbindung liegen orientierende Vorversuche und ein ausführlicher Versuch vor. Die resistenten *Blechnum*-Zellen haben hier direkte Beobachtung im Totalversuch möglich gemacht, während Glykol ja sonst meist nur im Partialversuch als Diosmotikum für plasmometrische Beobachtungen anwendbar ist. Der mitgeteilte Versuch vom 29. IX. 1937 ist dem Zellenmaterial nach mit den Glyzerin-, Erythrit- und Traubenzuckerversuchen vom selben Tag vergleichbar. Drei Zellen wurden in Messungsintervallen von 1 Minute bis zur Deplasmolyse beobachtet. Man führt solche Versuche exakt am besten durch, indem man zu zweit arbeitet, wobei der eine mißt und der andere die Sekunden ansagt und die diktierten Daten niederschreibt.

VERSUCH 17 (LV, 47) Ramsau, 29. IX. 1937 **1,2 mol Glykol**

Schnitt 16^h 40 in die Lösung eingetragen, beobachtet ab 16^h 47, gut geformte Zellen am Bündel, t = 17°C

Zelle 1		Zelle 2		Zelle 3	
h = 42, b = 11,1		h = 44, b = 11,1		h = 38, b = 9,9	
16^h 47′ 15″	(27—52) / 20—62	16^h 48′	(33—59) / 20—64	16^h 48′ 45″	(37—61,5) / 30—68
49′ 45″	(26—51,8)	49′ 30″	(32,9—60)	49′ 15″	(27—52,2)
		50′ 30″	(32—59,5)	50′ 45″	(26—52,1)
51′ 15″	(25—51,6)	51′ 30″	(31—58,9)	51′ 45″	(26—52,5)
52′ 15″	(25—52)	52′ 30″	(31—59,3)	52′ 45″	(36—62,8)
53′ 15″	(25—52,3)	53′ 30″	(31—59,7)	53′ 45″	(26—53,3)
54′ 15″	(27—54,7)	54′ 30″	(31—60,1)	54′ 45″	(26—53,5)

VERSUCH 17 (Fortsetzung)

Zelle 1		Zelle 2		Zelle 3	
h = 42, b = 11,1		h = 44, b = 11.1		h = 38, b = 9,9	
16h 55′ 15″	(25—53,1)	16h 55′ 30″	(31—60,7)	16h 55′ 45″	(26—54,1)
56′ 15″	(26—54,3)	56′ 30″	(31—60,9)	56′ 45″	(35—63,5)
57′ 15″	(25—53,8)	57′ 30″	(31—61,3)	57′ 45″	(35—63,8)
58′ 15″	(25—54,1)	58′ 30″	(30—60,9)	58′ 45″	(35—64,2)
59′ 15″	(25—54,2)	59′ 30″	(31—62)	59′ 45″	(34,5—64,3)
17h 00′ 15″	(25—54,8)	17h 00′ 30″	(31—62,2)	17h 00′ 45″	(34—64,0)
01′ 15″	(25—55)	01′ 30″	(30,2—62)	01′ 45″	(34—64,2)
02′ 15″	(25—55,2)	02′ 30″	(30—62,1)	02′ 45″	(24—54,9)
				Zelle wird ab 52 nach rechts schmäler	
03′ 15″	(25—55,7)	03′ 30″	(21—53,3)	03′ 45″	(24—55,3(
04′ 15″	(26—57,1)	04′ 30″	(31—63,8)	04′ 45″	(24—56)
05′ 15″	(26—57,6)	05′ 30″	(30—63,2)	05′ 45″	(24—56,3)
06′ 15″	(25—57,3)	06′ 30″	(30—63,5)	06′ 45″	(24—57,2)
07′ 15″	(26—59,3)	06′ 30″	(29—63,1)	06′ 45″	(23—57,2)
08′ 15″	(25—59,7)	08′ 30″	(28—62,8)	08′ 45″	(22—58,5)
09′ 15″	(24—60,9)	09′ 30″	(29—64)	09′ 45″	(21—Gr.)
10′ 15″	rennt, Gr.	10′ 30″	(28—63,8)	10′ 45″	depl.
11′ 15″	depl.	11′ 30″	(27—64)	11′ 45″	depl.
12′ 15″	depl.	12′ 30″	(26—Gr.)		

Schon 7 Minuten nach dem Eintragen des vorgewässerten Schnittes ist die Rückdehnung im Gang und ihr Tempo bleibt bis zu der oder bis knapp vor der nach 29—31 Min. erfolgenden Deplasmolyse ziemlich konstant. Erst in den letzten Minuten zeigen zwei von den beobachteten Zellen die bekannte Beschleunigung. Die Permeationskonstante ist also für die Zeit von der 8. bis zu der 28. Minute zu berechnen. Es ergibt sich eine Rückdehnungskonstante von $\Delta G = \mathbf{0{,}58}$. (Den P′-Wert bei so rascher Ausdehnung zu berechnen, hat wenig Sinn, weil bei so großer Rückdehnungsgeschwindigkeit der Protoplasten wahrscheinlich Formänderungswiderstände des Plasmas begrenzend werden. Man muß sich also mit einem „größer als“ begnügen, so wie z. B. beim rapiden Harnstofftypus in Versuchen mit der *Gentiana*-Epidermis.)

Der Versuch ist interessant, denn er zeigt, daß der Permeabilitätswert für Glykol ganz bedeutend höher liegt, als der Lipoidlöslichkeit bzw. dem Verteilungskoeffizienten Öl/Wasser des Glykols entspricht. Die Tatsache tritt bei *Blechnum* im Totalversuch noch markanter hervor als in Partialversuchen. Die Rückdehnung erfolgt im Glykol 31mal schneller als im Glyzerin (Versuch 8, S. 263), die Permeabilität liegt wohl um 40—50mal höher. Die Verteilungskoeffizienten Olivenöl/Wasser als Maßstab der Lipoidlöslichkeit verhalten sich aber bloß wie 7,1 : 1.

Man deutet analoge Befunde an anderen Zellobjekten so, daß das Glykol eine Erhöhung der Permeabilität des Plasmas für sich selbst bewirkt und daß es sich daher um sekundär veränderte Permeabilität handelt. Da der Zustand des Plasmas sicher nicht letal ist und die Rückdehnung im angeführten Versuch während des Deplasmolyseverlaufs praktisch gleichmäßig schnell erfolgt, in diesem ganzen Zeitabschnitt also ein Anstieg nicht stattfindet, scheint aber doch die Frage erlaubt und weiterer Untersuchung empfohlen, ob hier nicht ein Permeationsvorgang vorliegt, bei dem vom endosmierenden Diosmotikum etwa ein Porenweg benützt wird. Das Molgewicht des Glykols (62) ist allerdings so groß wie das des Harnstoffs (60), dem bei *Blechnum* der Porenweg sicher nicht offen steht. Man könnte sich aber etwa folgende Vorstellung bilden: Ebenso wie bei anderen Plasmen der Harnstoff auf dem Porenweg permeiert, das Acetamid aber gleichzeitig auf den Lösungsweg allein angewiesen bleibt, ebenso würde hier bei einem Plasma vom Normaltyp auch für das Glykol ein Porenweg offen stehen, der dem Harnstoff verwehrt ist. Plausibler bleibt freilich eine hypothetische Vorstellung, die etwa dahin ginge, daß das Glykol bei seiner Wirkung aufs Plasma sich erst sekundär einen Porenweg schafft und daß die rasche, aber zeitweilig konstante und nicht letale Permeation darauf beruht, daß das endosmierende Glykol nun teils auf dem Lösungsweg, zum großen Teil aber durch die neugeschaffenen wassergefüllten Poren ginge. Daß die Wasserpermeabilität durch Glykol recht rasch erhöht wird, wird aus dem raschen Eintritt der Plasmolyse und der früher einsetzenden Rückdehnung ersichtlich. Die Erhöhung der Wasserpermeabilität durch Glykol ist auch von BOCHSLER (1948) nachgewiesen worden; daß aber das Wasser auf dem Porenweg und nicht auf dem Lipoidlösungsweg permeiert, ist heute wohl unbestritten. — Als dritte Möglichkeit bleibt die bisherige Auffassung, wonach das Glykol das lipoide Lösungsvermögen des Plasmas für sich selbst erhöht, analog etwa der permeabilitätssteigernden Wirkung des Äthyläthers.

Für Versuche zur Entscheidung zwischen diesen Möglichkeiten — etwa unter Heranziehung der Simultanmethode (COLLANDER 1949, URL 1952) — erscheinen die resistenten *Blechnum*-Zellen besonders gut geeignet.

h) Die Permeabilitätsreihe.

Wir fassen die Ergebnisse der mitgeteilten Versuche zusammen. Die Permeabilitätsreihe hat indes nur vorläufige Geltung. Sie stützt sich auf weniger Beobachtungsmaterial als viele der endgültig festgelegten Reihen, z. B. die für das subepidermale Stengelparenchym von *Majanthemum* (1934, S. 251) mitgeteilte Reihe. Auch gehören die Parenchymzellen der Blattrippe von *Blechnum* verschiedenen Zell-Lagen an und sind unter sich nicht so streng vergleichbar wie die einer Zellschicht angehörenden *Majanthemum*-Zellen. Gut vergleichbar sind nur die Versuchspaare oder Versuchsgruppen, die am selben Tag nach gleicher Vorbehandlung angesetzt und an gleichartigen, bewußt zum Vergleich gewählten Zellen gewonnen sind.

Ich beziehe bei der folgenden vorläufigen Zusammenstellung solche Werte der verglichenen Diosmotika auf die Permeationskonstante von Harnstoff = 1 bzw. auf die von Glyzerin = 1.

	Blechnum	Majanthemum		Blechnum	Majanthemum
Formamid	30		Glykol	35	
Harnstoff	1	1	Glyzerin	1	1
Methylharnstoff	2,5	2,88	Erythrit	0,5	0,076
Dimethylharnstoff	19		Traubenzucker	0,25	0,068
Malonamid	0,5	0,202	Rohrzucker	0,12	0,030

Der folgenden Reihe sind dann die Werte der Harnstoff- und Glyzerinpermeabilität aus Versuch 2 und 8 zugrunde gelegt; sie verhalten sich wie 2 : 1, während direkte Vergleichsversuche (S. 260) meist das Verhältnis 4 : 1 bis 3 : 1 ergeben haben. Zur Umrechnung der Permeationswerte auf die Flächeneinheit wird vereinfachend ein einheitlicher Faktor verwendet, der für den Plasmolysegrad $\Delta G = 0{,}70$ berechnet ist (vgl. S. 248). Also $P = 0{,}00115\ P''$.

Permeationskonstanten von *Blechnum spicant*

Substanz	ΔG	P″	P P = 0,00115 P″	
Formamid	1,61		>185 .10–5	>513 .10–5
Harnstoff (S. 253)	0,030	0,033	3,43.10–5	9,25.10–5
Methylharnstoff (G_{1-3})	0,076	0,092	10,52.10–5	29,2 .10–5
Dimethylharnstoff	0,46	0,62	71,3 .10–5	198 .10–5
Malonamid	0,017	0,019	2,14.10–5	5,95.10–5
Glykol	0,58		>66,7 .10–5	>185 .10–5
Glyzerin (S. 263)	0,016	0,017	1,84.10–5	5,15.10–5
Erythrit	0,008	0,008	0,93.10–5	2,58.10–5
Traubenzucker	0,0045		(0,5 .10–5)	(1,4 10–5)
Rohrzucker	0,002		(0,24.10–5)	(0,67.10–5)
			cm/Stunde	μ/Sekunde

Die für die langsam permeierenden Diosmotika beobachteten, z. T. recht hohen Werte sind beachtenswert, sie sollen aber nicht als allgemeingültig betrachtet werden, da Zucker-Dauerversuche in anderen Jahren z. T. niederere Durchschnittswerte ergeben haben. Vgl. URL, 1958. Auch könnten ja gerade bei den Zuckerversuchen doch interferierende Stoffwechselvorgänge (S. 267) mitspielen.

Daß aber die *Blechnum*-Zellen ihrer Permeabilität nach dem Normaltyp angehören, wird durch die Vergleichsreihe der Permeationskonstanten der mittelschnell oder schnell permeierenden Plasmolytika voll belegt.

IV. Orientierende Winterversuche.

Ich habe die Blattrippenzellen von *Blechnum spicant* als Zellobjekt im Herbst 1920 kennengelernt. Ich weilte damals, mit voller Versuchsausrüstung ausgestattet, vom Juli bis zum Dezember in der Ramsau bei Schladming (Seehöhe 1100 m), arbeitete die ersten zwei Monate gemeinsam mit A. STIEGLER, nachher allein, und prüfte Zellen von Pflanzen aus verschiedenen systematischen Gruppen auf ihre Eignung zu Permeabilitätsversuchen. Als Diosmotikum wurde dabei vornehmlich Harnstoff verwendet. Unter den Pteridophyten waren *Blechnum*-Zellen das beste Objekt. (Permeabilitätswerte ähnlicher Größenlage gaben Parenchymzellen aus dem Stengel von *Equisetum palustre*, ΔG = 0,074, und Paren-

VERSUCH 18 (XIV, 35) Ramsau, 20.—22. X. 1920 **1,5 mol Harnstoff**

	h	b	1. Messung	2. Messung	3. Messung	4. Messung	5. Messung	6. Messung
			11^h 55—12^h 08	12^h 55—13^h 10	15^h 55—16^h 12	21. X. 9^h 10—25	13^h 25—35	16^h 20—30
			G_1	G_2	G_3	G_4	G_5	G_6
1	60	11	0,442	0,459	0,517	0,642	0,697	0,732
2	67	12	0,437	0,455	0,514	0,634	0,694	0,725
3	31½	14	0,431	0,455	0,534	0,644	0,709	0,741
4	40	14	0,454	0,479	0,542	0,650	0,708	0,739
5	46	11	0,497	0,518	0,580	0,667	0,725	0,799
6	39½	14	0,431	0,464	0,521	0,648	0,711	0,749
7	57	14	0,444	0,468	0,523	0,629	0,672	0,704
8	47	13	0,450	0,487	0,589	0,695	0,754	0,785
9	35	13	0,405	0,448	0,519	0,655	0,727	0,767

$G_1 = 0{,}448$ $G_2 = 0{,}467$ $G_3 = 0{,}5376$ $G_4 = 0{,}6516$ $G_5 = 0{,}711$ $G_6 = 0{,}749$

$\Delta G_{1-2} = 0{,}019$ $\Delta G_{2-3} = 0{,}0235$ $\Delta G_{3-4} = 0{,}00625$ $\Delta G_{4-5} = 0{,}01393$ $\Delta G_{5-6} = 0{,}0131$

$P'_{1-2} = \mathbf{0{,}0202}$ $P'_{2-3} = \mathbf{0{,}0254}$ $P'_{3-4} = \mathbf{0{,}0072}$ $P'_{4-5} = \mathbf{0{,}0170}$ $P'_{5-6} = \mathbf{0{,}0165}$

chymzellen aus der Blattrippe von *Nephrodium montanum*, $\Delta G = 0{,}0415$.)

Nach Einbruch kalten Herbstwetters unternahm ich meine ersten Versuche über die Temperaturabhängigkeit der Plasmapermeabilität und die Reversibilität der Kältehemmung. Der Versuch 18 (S. 277) gelang völlig. Schnitte großer steriler Blätter der frisch ausgehobenen und eingebrachten Pflanze kamen um 10.30 Uhr in H_2O, um 10.55 Uhr in das Fläschchen mit 1,5 mol Harnstoff. Um 11.15 Uhr war schöne, starke Plasmolyse eingetreten, die Protoplasten waren aber noch nicht konvex meßbar. Um 11.55 Uhr begann ich die Messungen im temperierten Raum (14°C). Nach der dritten Messung wurde das Fläschchen mit dem Schnitt ins kalte Zimmer (3—4°) überbracht, blieb dort über Nacht und kam am folgenden Tag um 8.55 Uhr zurück in den temperierten Raum, wo ab 9.10 Uhr die vierte Messung, dann um 13.25 Uhr die fünfte und um 16.20 Uhr die sechste Messung stattfand. Die endgültige rechnerische Auswertung des Versuches geschah viel später.

Die Permeabilität liegt am ersten Tag wenig niederer als bei gleicher Temperatur im Frühherbst, während des Kälteaufenthaltes sinkt sie bedeutend, auf etwa ein Drittel ab, nach dem Wiedererwärmen steigt sie auf etwa das $2^1/_3$fache wieder an. Als Temperaturkoeffizient, bei dem der Kältewert mit dem Mittel der Wärmewerte vorher und nachher verglichen wird, errechnet sich

$$Q_{10} = \left(\frac{P'}{P'}\right)^{\frac{10}{12}} = \mathbf{2{,}37}.$$

Der Versuch, damals nicht veröffentlicht, war der erste, bei dem in denselben individuellen Zellen Senkung und Wiederanstieg der Permeabilität beim Abkühlen und Erwärmen zahlenmäßig erfaßt wurde. Er hat natürlich nur orientierende Bedeutung, da nicht im Thermostaten gearbeitet werden konnte. Doch waren die beiden (unbewohnten) Räume recht gut temperaturbeständig. Wie bekannt, hat erst WARTIOVAARA (1942) die Aufgabe, die Temperaturabhängigkeit der Permeabilität für verschiedene Diosmotika unter Festhaltung derselben Zellen zu messen, an *Tolypellopsis* gelöst.

Plasmometrisch sind Temperaturkoeffizienten der Permeabilität, bei Verwendung von Zellen aus vergleichbaren Schnitten, am subepidermalen Parenchym von *Ranunculus repens* von HOFMEISTER (1935) und, in einer wenig bekannten Studie, von HIRTH (1944) ermittelt worden. SEEMANN (1950, S. 562) findet an *Majanthemum*-

Zellen für die Harnstoffpermeabilität im Temperaturintervall 26—42° C bzw. 24—42° C ein Q_{10} von 2,25 bzw. 2,47.

Im Dezember 1920 untersuchte ich *Blechnum*-Pflanzen, die jetzt unter Schnee hervorgegraben wurden. Die ersten Versuche fanden am 10. XII. statt. Die Pflanzen wurden um 10.20 Uhr ins kühle Zimmer (7°C) eingebracht, hier aufgetaut, um 10.50 Uhr wurden die Schnitte hergestellt und zur Wässerung in eine Dose mit kühlem H_2O (6°C) gelegt, die ich dann ins temperierte Zimmer (13½°C) brachte. Um 11.35 Uhr kamen die Schnitte hier in 1,5 mol Harnstoff (13½°C), wo die Messungen um 12.55 Uhr f., 14.55 Uhr f. und am folgenden Tag um 14.20 Uhr stattfanden. Die ΔG-Werte lagen um 0,013—0,014, also, wie wohl zu erwarten, wesentlich tiefer als bei gleicher Temperatur im Sommer und Frühherbst[7]. Bemerkenswert ist aber nicht nur, daß die Protoplasten sich gleich gut runden und rückdehnen wie im Sommer (die Viskosität also thermostabil erscheint, vgl. Weber u. Hocheneder 1923), sondern vor allem, daß hier die Rückdehnung durch mehr als 24 Stunden mit sehr gleichmäßigem Tempo erfolgt, wobei nicht einmal die in den Sommerversuchen späterer Jahre oft beobachtete zeitliche Hemmung zutage tritt.

Ein gleicher Versuch mit Schnitten aus einer anderen Pflanze ergab in 1,5 mol Harnstoff $\Delta G = 0{,}0164$.

Nach Vorversuchen wurde am 14. XII. ein Hauptversuch über Permeabilität bei 0° und 16°C an vergleichbaren Schnitten eingeleitet. Der Farn wurde wieder frisch unter Schnee gesammelt, die Schnitte kamen unter Vermeidung vorheriger Erwärmung um 9.50 Uhr in zwei Dosen mit kaltem H_2O (½—1°C). Die eine Dose verblieb im kalten Raum, die andere wurde um 10.20 Uhr ins warme Zimmer (16°C) gebracht. Aus beiden kamen Schnitte um 11 Uhr in die Lösungen von 1° bzw. 16°C. Vgl. S. 280.

Wieder erfolgt in der Kälte die Rückdehnung völlig gleichmäßig, sie wurde diesmal durch 48 Stunden beobachtet. Es konnten 20-Stunden-Intervalle verglichen werden. Die P'-Werte, erst später unter Berücksichtigung des Partialgefälles gerechnet, sind $P' = 0{,}0213$ im Wärmeversuch und $P' = 0{,}0062$ im Kälteversuch. Das Verhältnis ist 3,4:1. Das Temperaturintervall wird mit 16°C angenommen. Ich berechne daraus den Temperaturkoeffizienten

$$Q_{10} = \left(\frac{P'_{16}}{P'_0}\right)^{\frac{10}{16}} = \mathbf{2{,}15}.$$

[7] Ein Versuch vom nächsten Sommer (XVI, 29, vom 25. August 1921, $t = 16-18$°C) ergab z. B. $\Delta G = 0{,}029_0$, $P' = 0{,}033_6$.

VERSUCH 19 (XIV, 89) Ramsau, 10. XII. 1920 **1,5 mol Harnstoff**
Schnitt 10h 50 in H_2O (6°C), ins temperierte Zimmer gebracht, hier 11h 35 in die Lösung (**t = 13½°C**), b = 13—14′. Am 11. XII. überall prächtige Systrophe.
1. Messung 12h 55—13h 05 2. Mess. 14h 55—15h 03 3. Mess. 11. XII. 14h 20—28

	b. 13h 30—40	b. 15h 05—15		b. 14h 30f.
	$l_1:h$	G_1	G_2	G_3
1	(12—34⅓):37½	0,476	0,507	0,760
2	(11—34¾):40	0,481	0,504	0,80
3	(12—42) :48½	0,526	0,557	tot
4	(9½—35½):43	0,496	0,519	0,826
5	(8—28¾):33½	0,481	0,511	0,861
6	(13½—43½):51	0,497	0,521	0,742

$\Delta G_{1-2} = \mathbf{0{,}0137}$ $\Delta G_{2-3} = \mathbf{0{,}0121}$

Zellen in anderer Gegend des Schnittes

	$l_1:h$	G_1	G_2	G_3
1	(7—33) :44	0,489	0,506	0,784
2	(9—31) :38	0,460	0,500	0,855
3	(13—42¼):51	0,485	0,505	
4	(8—29) :36	0,458	0,479	0,785
5	(5—27¼):37½	0,473	0,500	0,905
6	(7—34½):45	0,511	0,545	Grenzpl.
7	(7½—29¼):37	0,466	0,493	0,892
8	(10—32) :37½	0,467	0,487	zurück ob lebend?
9	(7½—30) :37	0,487	0,507	0,799
10	(6—37) :48	0,552	0,584	0,906

$\Delta G_{1-2} = \mathbf{0{,}0129}$ $\Delta G_{2-3} = \mathbf{0{,}0143}$

VERSUCH 20a (XIV, 101) Ramsau, 14.—16. XII. 1920 **1,5 mol Harnstoff**
Aufgetaut, 9h 50 in H_2O (½—1°C) 11h in die Lösung (½—**1°C**), am 15. XII. und 16. XII. sank die Temperatur auf —1 bis —2°C, im kalten Raum abgelesen.

		1. Messung 14. XII. 14h 00		2. Messung 15. XII. 10h 00		3. Messung 16. XII. 11h 00	
	b	$l_1:h$	G_1	$l_2—l_1$	G_2	$l_3—l_2$	G_3
1	18	(7—28) :39	0,384	4	0,487	2½	0,545
2	15	(13—43½):62	0,411	5	0,492	3¾	0,552
3	14	(11—36) :43	0,472	4½	0,576	3½	0,658
4	16	(11¼—32) :38	0,405	4½	0,524	9	0,760
5	16	(12—37¾):44	0,464	2½	0,520	3¾	0,605
6	12	(8—29¾):42	0,422	7½	0,601	11¾	0,880
7	12	(8—26¾):37	0,398	3½	0,493	3¼	0,581

$G_1 = 0{,}422$ $G_2 = 0{,}527$ $G_3 = 0{,}654$

$\Delta G_{1-2} = \mathbf{0{,}00524}$ $\Delta G_{2-3} = \mathbf{0{,}00509}$

$P'_{1-2} = \mathbf{0{,}00622}$

VERSUCH 20b (XIV, 102) Ramsau, 14.—15. XII. 1920 **1,5 mol Harnstoff**

Behandelt wie oben, 10h 20 Dose ins warme Zimmer (**t = 16° C**), Messungen ebenda.

	b	1. Messung 14. XII. 13h 50—57 $l_1:h$	G_1	2. Messung 15. XII. 9h 20—30 $l_2:h$	G_2
1	14	(16¾—43) :52	0,415	(8½—45) :52	0,611
2	14	(4—22⅓):28	0,524	(1¾—28) :28	0,840
3		(2¾—19) :25	0,467	(0—22½):25	0,780
4		(3½—21) :25	0,513	(0—21½):25	0,770
5		(8½—31) :39	0,456	(4—35)! :39	0,673
6		(4—23¾):32	0,472	(0—32) :32	0,853
7		(5—25¼):34	0,459	(1—29⅓):34	0,695
8		(7—25) :32	0,415	(3¼—29) :32	0,660
9		(13—40¾):50	0,462	(6—46)! :50	0,706
10		(12—43¾):60	0,452	(5—57) :60	0,755

$G_1 = 0,4633$ $G_2 = 0,7343$

$\Delta G_{1-2} = \mathbf{0,0139}$

$P'_{1-2} = \mathbf{0,0213}$

Vor allem ist aber aus dieser winterlichen Versuchsreihe festzuhalten, daß das Plasma der Zellen des Kammfarnes *Blechnum spicant* sich auch bei Temperaturen um 0° nach Plasmolyse konvex rundet, also keinen winterlichen Starrezustand erkennen läßt, und daß eine durchaus normale Permeation und Rückdehnung am gesunden, frischen Material auch im Kälteversuch zu beobachten ist.

Ich bin nachher nicht dazugelangt, die Versuche in Wien im Thermostaten zu wiederholen. Freilich wären Versuche mit nach Wien transportierten und hier kultivierten Farnen ökologisch nicht so eindeutig zu interpretieren wie die Beobachtungen an frischen Freilandpflanzen. Die mitgeteilten Versuche erweisen auch die Eignung der *Blechnum*-Zellen zur Untersuchung des Jahresverlaufes der Permeabilität. Noch nicht geprüft ist u. a. die Frage, ob das wechselnde Verhältnis von Glyzerin- und Harnstoffdurchlässigkeit (vgl. S. 262) sich auch beim immergrünen Kammfarn, dessen Plasma keiner winterlichen Starre zu unterliegen scheint, wiederfinden wird.

V. Schlußbetrachtung.

Die Lipoidfiltertheorie, von COLLANDER (1925) konzipiert, von COLLANDER und BÄRLUND (1926, 1933) und BÄRLUND (1929) fest begründet, hat sich auf der ganzen Linie bewährt. Die Gesamtheit unserer Kenntnisse über die passive Permeation gelöster Stoffe durch das lebende Plasma läßt sich aus ihr verstehen oder sich doch mit ihr in Einklang bringen. Die Theorie besagt bekanntlich in ihrer ursprünglichen Form, daß die meisten gelösten Substanzen gemäß ihrer Lipoidlöslichkeit durch das lebende Plasma zu permeieren vermögen, daß aber kleinmolekulare Stoffe das Plasma relativ rascher durchdringen. Als Maß für die Lipoidlöslichkeit der bisher genauer untersuchten Plasmasorten hat sich der Verteilungskoeffizient der Stoffe in Olivenöl und Wasser noch besser bewährt als der vordem seit Overton (1895, 1899, 1902) meist herangezogene Verteilungskoeffizient in Äthyläther und Wasser. Die beschleunigte Permeation betrifft elektroneutrale Moleküle von Nichtleitern mit einem Mol.-Gew. < 60—50.

Es hat sich indes gezeigt, daß diese Grenzen für verschiedene Plasmen verschieden liegen. Der Harnstoff (Mol.-Gew. = 60, Mol.-Vol. = 59) permeiert bei den meisten Plasmen mäßig langsam und hat in den Permeabilitätsreihen eine Stellung, die noch der Lipoidlöslichkeit entspricht; er dringt aber durch etliche Plasmen so viel rascher, daß „Porenförderung", d. i. eine zusätzliche Permeation auf dem Porenweg (Wasserweg), angenommen werden muß. Für den mit dem Harnstoff gut vergleichbaren Methylharnstoff (Mol.-Gew. = 74, Mol.-Vol. = 81,2) ist eine solche relative Förderung noch nie und nirgends festgestellt worden, er scheint auf den Lipoidlösungsweg allein angewiesen. So gibt der Quotient der Permeationskonstanten $P_{\text{Methylharnstoff}} / P_{\text{Harnstoff}}$ = Meth/Ha, der schon an sehr zahlreichen Objekten präzise oder mit größerer oder kleinerer Annäherung gemessen worden ist, das beste Kennzeichen, zu unterscheiden, ob ein Plasma im jeweils geprüften Zustand für den Harnstoff bereits Porenförderung zeigt oder nicht. Wie Collander und Wikström (1949, S. 244) zeigen, entsprechen Werte dieses Quotienten von 2,6 und 2,9 den Verteilungskoeffizienten in Äther/Wasser bzw. Olivenöl/Wasser. Die Autoren haben dargetan, daß die Werte Meth/Ha > 6 wahrscheinlich auf einem Versuchsfehler beruhen, indem der Methylharnstoff während der Versuche die Durchlässigkeit der Protoplasten für sich selbst erhöht. Sonach sind nur die Werte der Normallage Meth/Ha 2—6 und die niedereren Werte zur Beurteilung des normalen Plasmas geeignet. Wir bestimmen an den *Blechnum*-Zellen die Größe des Quotienten Meth/Ha mit 2,5 bis 2,8 (das Verhältnis der primär gemessenen Rückdehnungsgeschwindigkeit z. B. mit $\Delta G_{\text{Meth}} / \Delta G_{\text{Ha}}$ mit 1 : 2,64) und möchten diese Größenlage als Standardwert zur Kennzeichnung der Plasmen vom Normaltyp vorschlagen. Vielleicht beruhen schon die Werte Meth/Ha $> 3{,}5$—4 auf einer Steigerung der Methylharnstoff-Durchlässigkeit. Eine solche Steigerung kann ja durchaus eintreten, ohne daß die Lebensfähigkeit der Plasmen in Frage gestellt erscheint, d. h. es bleibt nachträgliche Exosmose der aufgenommenen Substanz, ersichtlich aus normalem, langsamem Plasmolyseeintritt in Zuckerlösung, möglich. Der zeitliche Verlauf plasmometrischer Versuche im Methylharnstoff gibt Aufschluß für die diesbezügliche Beurteilung. Der (orientierend geprüfte) Dimethylharnstoff, bei *Blechnum* auch im Totalversuch anwendbar, permeiert 7mal schneller als der Methylharnstoff. Während letzterer Normalwerte ergibt, bleibt es aber beim Dimethylharnstoff dahingestellt, ob er nicht doch schon permeabilitätserhöhend gewirkt hat. Allerdings ist auch der Verteilungskoeffizient im Olivenöl/Wasser für Dimeth/Meth hoch (COLLANDER u. WIKSTRÖM, S. 244):

	Äther / Wasser	Olivenöl / Wasser
Methylharnstoff/Harnstoff	2,6	2,9
Dimethylharnstoff/Methylharnstoff	2,4	*5,2*

Das Formamid (Mol.-Gew. 45, Mol.-Vol. 46,7) permeiert bei *Blechnum* vielmals rascher, als seiner Lipoidlöslickheit entspricht, vgl. S. 268f. Es geht durch das amidophile, relativ „dichte" Plasma der *Blechnum*-Zellen vom Normaltyp ebenso beschleunigt wie durch die *Rhoeo*-Zellen vom amidophoben Typ (Glyzerintyp). Sein Verhalten hat zur Begründung der Lipoid-Filter-Theorie (COLLANDER 1925, S. 283) mit Anlaß gegeben. BÄRLUND (1929, S. 109) bemerkt, daß sich „über die Permeabilität der Froschmuskelfasern für Formamid, an welchem Stoff die Durchbrechung der Lipoidlöslichkeitsregel zugunsten des Ultrafilterprinzips vermutlich am deutlichsten zu beobachten wäre, bei OVERTON keine Angaben finden". Sonst wäre vielleicht schon OVERTON zur Erkenntnis der Rolle des Lipoidfilterprinzips vorgedrungen, was aber erst COLLANDER vorbehalten blieb.

Über die Ätiologie der stark beschleunigten Permeation des Äthylenglykols (S. 274) läßt sich Endgültiges wohl noch nicht aussagen.

Die COLLANDERsche Lipoidfilter-Theorie war nun von zwei Seiten her lebhaften Angriffen ausgesetzt.

DAVSON und DANIELLI (1943) suchten zu zeigen, daß bei *Chara ceratophylla* das Molekularvolumen nicht von wesentlichem Einfluß auf das Permeationsverhalten der verglichenen Diosmotika sei und daß die Lipoidlöslichkeit bzw. die in ihr zum Ausdruck kommenden, zwischen den Molekülen wirksamen Kräfte allein maßgebend seien.

Umgekehrt hielten Forscher aus RUHLANDS Schule weiter die Molekülgröße für den allein oder doch ganz vornehmlich maßgebenden Faktor, wobei die Beschränkung der Wirksamkeit des Ultrafilterprinzips auf den Bereich kleiner Moleküle nicht anerkannt wurde oder man sie doch nicht als wesentlichen Zug gelten ließ. Vor allem wurde von dieser Seite nicht anerkannt, daß es die Lipoidlöslichkeit ist, die das Permeationsvermögen der Moleküle vom Mol.-Vol. > 60 bzw. > 72 bestimmt.

DAVSONS und DANIELLIS Einwände sind von COLLANDER (1949—1954) abgewehrt worden. Den Einwänden der Anhänger der extremen Ultrafilter-Theorie stehen die Befunde der vergleichenden Permeabilitätsforschung entgegen. Die schon bei BÄRLUND (1929, S. 93) und wieder bei HÖFLER (1934a, b) und HOFMEISTER (1935) aufgezählten Gegengründe gelten noch heute. Man müßte die Mehrzahl aller Befunde, z. B. schon die Existenz des von *Rhoeo* seit altersher (DE VRIES 1889) bekannten Glyzerintyps, aber auch schon das im Plasmoptyseversuch zutage tretende Permeiervermögen des Methyl- und Äthylalkohols, die bei so vielen Zellobjekten schneller als das Wasser durchs Plasma dringen (OVERTON, TOIVONEN 1934, ZEHETNER 1934), von methodischer Seite angreifen, d. h. diese gesicherten Befunde als Sekundäreffekte hinstellen, um sie der Ultrafilter-Theorie unterordnen zu können. Das ist nur einem kleinen Teil der Beobachtungstatsachen gegenüber versucht worden — nicht z. B. gegenüber der rapiden Permeation der lebensunschädlichen elektroneutralen basischen Vitalfarbstoffe (Brillantcresylblau vom Mol.-Gew. 345,5, A. P. DANGEARD 1916 u. a., HÖFLER, URL u. DISKUS 1956, S. 80). Liegen hier auch erst spärlich quantitative Bestimmungen vor, so haben doch COLLANDER, LÖNEGREN u. ARHIMO (1943) gezeigt, daß die Permeationskonstante der Neutralrotbase bei *Allium*-Zellen rund 20.000mal größer ist als die des Harnstoffs, womit die Größenordnung festgelegt wird.

Bei BOGENS (1956a, 1956c, S. 242) gegen alle plasmometrische Permeabilitätsmessung generell erhobenem Einwand, daß ständig bei der Protoplastenrückdehnung osmotische und nichtosmotische Vorgänge interferieren, brauchen wir hier nicht neuerlich zu verweilen (vgl. oben S. 243 und HÖFLER u. URL 1958, URL 1958).

Seit RUHLAND selbst Ultrafiltration und Lipoidlösung als wirksame Prinzipien anerkannt hat (RUHLAND u. HEILMANN 1951), werden einseitige Erklärungsversuche der Permeabilitätsphänomene allein aus einem der beiden Prinzipien kaum mehr Anhänger finden. Man braucht wahrlich den Begriff der Ultrafiltration nicht umzudefinieren, darunter etwa jede durch eine Plasmahautschicht erfolgende Filtration zu verstehen, um die Geltung des Ultrafilterprinzips zu retten.

Der Durchtritt gelöster Stoffe durch das Plasma unter dem Einfluß des Konzentrationspotentials, d. i. nach dem FICKschen

Gesetz, erfolgt nicht nach zweierlei Mechanismen, sondern auf zweierlei Wegen. Die alten Ausdrücke Lösungsweg und Porenweg könnten durch Lipoidlösungsweg und Wasserlösungsweg, kurz Lipoid- und Wasserweg, ersetzt werden. Ich ziehe übrigens den Ausdruck Porenwirkung dem Ausdruck Siebwirkung vor, um nicht die Vorstellung zu prädestinieren, daß allein eine zweidimensionale, also etwa wenige Molekülschichten dicke Plasmagrenzschicht als „Sieb“ wirken soll.

Die ursprüngliche Vorstellung, daß vermutlich wassererfüllte Poren das Plasma bzw. die den Durchtritt limitierenden Plasmaschichten durchsetzen (Bärlund 1929, S. 107) und daß sie es sind, die kleineren Molekülen den Durchtritt in gewissem Ausmaße gewähren, ist von Collander in jüngster Zeit eingeschränkt worden. Gestützt auf reiches neues Beobachtungsmaterial über die Förderung kleinmolarer Glieder in homologen Reihen, hält er zwar als gesichert fest, daß irgendeine Art von Molekülsiebwirkung im Spiele sein muß; allein es „soll damit aber durchaus nicht etwa behauptet werden, daß es sich um permanente, wassergefüllte Poren in der Plasmahaut handeln muß. (Vgl. Wartiovaara 1942, S. 98ff.) Vielleicht genügt allein schon die thermische Bewegung der Lipoidmoleküle der Plasmahaut, um diesen Effekt hervorzurufen. Worauf es aber hier in erster Linie ankommt, das ist die Feststellung, daß es offenbar Plasmahäute verschiedener Struktur geben muß: in den meisten Fällen ist diese Struktur derart, daß Methylharnstoff schneller als Harnstoff permeiert, in anderen Fällen dagegen derart, daß Harnstoff schneller hindurchgeht“ (Collander u. Wikström, S. 244).

Daß thermische Bewegung als Ursache genügt, glaube ich nicht; ich halte es nicht für plausibel, daß die Unterschiede verschiedener Plasmen, die im Quotienten Meth/Ha ihren Ausdruck finden, auf Unterschieden in der thermischen Bewegung der Lipiodmoleküle in diesen Plasmen zurückführbar wären. Beim *Gentiana-Sturmiana*-Typ entspricht doch die Porenpermeabilität für Harnstoff im gegebenen physiologischen Zustand einer recht beständigen Eigenschaft der betreffenden Plasmen. Aber beim Altern der Zellen und auch schon bei reversibel-vitalen, ökologisch bedingten Änderungen des Zustands können sich, bildlich gesprochen, die Poren schließen und kann sich die Permeabilität dem „Normaltyp“ nähern (Höfler 1949). In diesem Sinne spricht auch viel noch unveröffentlichtes Beobachtungsmaterial. Die Wirkung von Außenfaktoren auf „die Permeabilität“, die vordem jahrzehntelang mit wenig Erfolg und oft mit ungeeigneten methodischen Mitteln untersucht worden ist, läßt sich an geeigneten

Zellsorten aus dem spezifischen Wechsel der Permeabilitätsreihen erfassen.

Das Bild vom Öffnen und Schließen der Poren wird freilich durch näher präzisierte Vorstellungen zu ersetzen sein, wenn unsere anatomische Kenntnis vom Plasmalemma sich vervollkommnet.

Von Permeabilitäts-Änderungen, die sich aus veränderter Gangbarkeit der Porenphase verstehen lassen, seien angeführt:

Änderungen mit dem Entwicklungszustand: Marklund (1936) fand an *Elodea*-Sprossen in Zellen junger Blättchen eine geringe Permeabilität vom Normaltyp, in jung erwachsenen Blättern rapide Permeabilitätssteigerung, verbunden mit schnellerer Permeation des Harnstoffs, die die Werte Met/Ha weit unter 1 sinken ließ, und nachher in älter erwachsenen Blättern wieder schnellere Permeation des Methylharnstoffs und langsamere des Harnstoffs; weitere Versuche bei Collander u. Wikström, S. 242[8]. Die gleiche „altersgemäße Zonung" hat Pecksieder (1947, S. 570, 599) an den Stämmchen einiger Lebermoose (*Chiloscyphus* u. a.) nachgewiesen. Url (1951) fand bei *Taraxacum* rapiden Harnstofftyp (Met/Ha um 0,6) in jungen aber bereits ausdifferenzierten Epidermiszellen vom oberen Stengelteil, wobei allerdings zugleich auch die Lösungspermeabilität von derjenigen älterer Zellen aus der Stengelbasis wesentlich verschieden war. Die älteste Beobachtung solcher Art ist der von Weber (1930, 1932a) entdeckte Permeabilitätsanstieg beim Funktionstüchtigwerden der Schließzellen; vgl. Reuter (1955).

Von experimentell auslösbaren Permeabilitätsänderungen, die plasmometrisch faßbar sind, sind zu nennen: Vorplasmolyse in Zucker; sie wirkt nach Huber u. Schmidt (1933) und Schmidt (1936) fast nur bei den für Harnstoff hochpermeablen Plasmen hemmend und läßt langsam harnstoffdurchlässige Plasmen fast unberührt. Ca-Zusatz zum Plasmolytikum (Kreuz 1941) setzt die Durchlässigkeit bei allen untersuchten Plasmen herab, hemmt also nach Kreuz „beide Arten der Permeation, die Porenpermeation aber wesentlich stärker". In p_H-gestuften Reihen der Plasmolytika[9]) findet Rottenburg (1943) die Permeabilität von der sauren nach der alkalischen Seite meist zunehmend, hingegen abnehmend bei den zwei von ihr geprüften Plasmen, die dem rapiden Harnstofftyp angehören (Epidermis von *Campanula trachelium* und *Gentiana austriaca*). Ich fand gleiches Verhalten in ausgedehnten (unveröffentlichten) Versuchen mit *Gentiana-Sturmiana*-Epidermen; selbst Dauerwässerung läßt dort die Permeabilität für Harnstoff unter die für Methylharnstoff absinken. Die erste Beobachtung solcher Art stammt übrigens von Bogen (1938, S. 559), der an Epidermiszellen von *Gentiana frigida* feststellte, daß Vorbehandlung mit 0,004 n NH_4O_4 die ansonsten rapide Harnstoffpermeabilität ganz bedeutend herabsetzt[9].

[8] Zum Gradienten der Harnstoffpermeabilität in der *Lemna*-Wurzel vgl. die Diagramme bei Pirson u. Seidel (1950, S. 439, 452).

[9] Drawert (1948b) und Alcer (1956) deuten gleichartige Befunde anders. Ich hoffe, dazu an anderen Orten ausführlich Stellung nehmen zu können.

Der Lipoidlösungsweg wird von allen permeierenden größermolekularen Nichtleitern benützt. Die Mannigfaltigkeit der Permeabilitätsreihen wäre grundsätzlich zu verstehen, wenn man nicht ein einheitliches Zell-Lipoid annimmt, sondern — wie Höber und Wilbrandt es taten — wechselnde, mit ungleichen Lösungsfähigkeiten ausgestattete Zell-Lipoide fordert.

Dabei sind bisher freilich nur einige Dimensionen, in denen die Eigenschaften der als Lösungsmittel wirkenden Plasmen variieren, faßbar geworden:

1. Saure oder basische Eigenschaften der Plasmalipoide (Collander u. Bärlund 1933, Hofmeister 1935, Höfler 1936) werden in Anspruch genommen zur Erklärung der Verschiedenheit des Harnstoff- und Glyzerintyps bzw. amidophilen und amidophoben Typs. Auch der von Hofmeister (1938) entdeckte, von Lenk (1953, 1956) in allgemeiner Verbreitung nachgewiesene Wechsel der Permeabilität derselben Zellplasmen vom Harnstofftyp im Sommer zum Glyzerintyp im Winter wird sich möglicherweise auf solche Art interpretieren lassen.

2. Die absolute Lipophilie der Protoplasmen war in den Permeabilitätsreihen, wenn diese als Verhältnisreihen definiert werden, noch nicht zum Ausdruck gekommen. Collander hat in seiner grundlegenden Studie 1954 zeigen können, daß die drei zur Familie der Characeen gehörigen Algen, für welche vielgliedrige Permeabilitätsreihen vorliegen, sich in der absoluten Größe der Durchlässigkeit unterscheiden und daß dies eben aus größerer oder kleinerer Lipophilie der Plasmen verstanden werden kann (vgl. Abb. 5).

Nach weiteren Dimensionen zur Anordnung der Mannigfaltigkeit der Permeabilitätseigenschaften verschiedener Plasmen ist zu suchen. Eine Auswertung der reichen Erfahrungen aus jüngeren Modellversuchen der finnischen Schule kann von anderer Seite wohl nicht versucht werden und muß Collander selbst überlassen bleiben. — Auf die Sonderstellung des Plasmas gewisser (nicht aller) Diatomeen („Zuckertyp") ist hier nicht einzugehen.

Doch soll hier ein Hinweis auf meine Auffassung vom Ort des Penetrationswiderstandes im Protoplasten (vgl. Collander 1956b) nicht fehlen. Ich habe wiederholt die Auffassung vertreten — die freilich der herrschenden entgegensteht und starkem Widerspruch begegnen mag —, daß die als Lösungsmittel in Betracht kommenden Plasmalipoide nicht auf die Hautschichten beschränkt sind, sondern im Gesamtplasma vorhanden zu denken sind. „Das Plasma besteht durch und durch aus einer zusammenhängenden Phase mit lipoiden Lösungseigenschaften, die von der Außenoberfläche bis an die Innenoberfläche des Plasmaschlauches

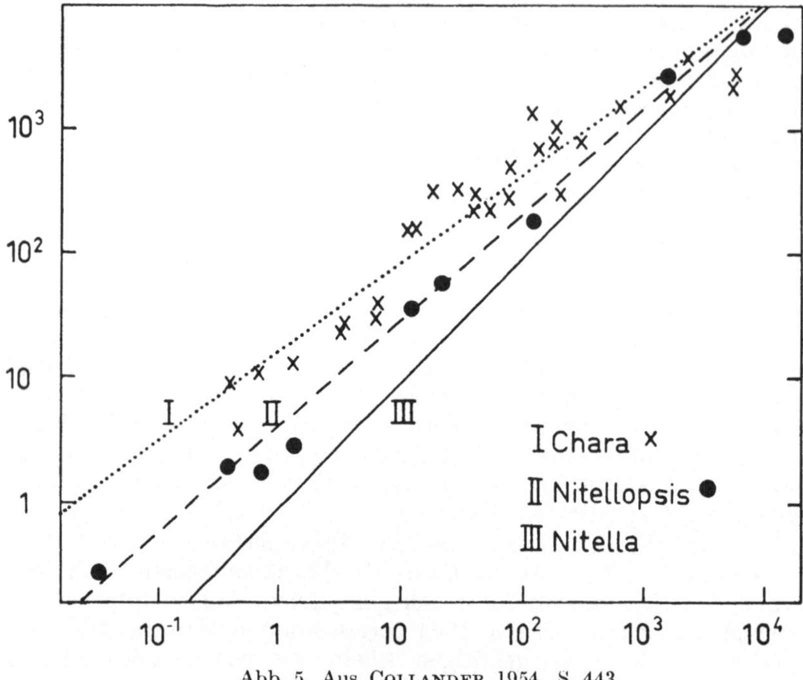

Abb. 5. Aus COLLANDER 1954, S. 443.

Permeationskonstanten (in cm/sec. 10^7) in ihrer Abhängigkeit vom Verteilungsquotienten Olivenöl/Wasser.

I Chara ceratophylla
II Nitellopsis (= Tolypellopsis) stelligera
III Nitella mucronata

reicht" (1953a). Lipoidlösliche Stoffe lösen sich von außen und benützen den Lipoidweg bis an die Vakuole; dort treten sie nach Maßgabe ihres Verteilungsquotienten hinüber in den wäßrigen Zellsaft. — Es ist LEPESCHKINS (1924) Verdienst, daß er vom Standpunkt der damaligen Kolloidchemie die lösende Lipoidphase im Binnenplasma als homogene, nicht disperse Phase gekennzeichnet hat. Es empfiehlt sich vielleicht, bei der Betrachtung der auf dem Lipoidweg endosmierenden Verbindungen nicht so sehr vom Permeations**widerstand** als vom Permeations**vermögen** des Gesamtplasmas zu sprechen, seinem Vermögen, die Permeation zu vermitteln. Dieses hängt ab vom relativen Lösungsvermögen für die Endosmotika, das durch die Permeationskonstanten bemessen wird, die in der Regel den Verteilungskoeffizienten Öl/Wasser symbat gehen.

Die Vorstellung, die die maßgebenden lösenden Plasmalipoide in die Grenzschichten verlegt, ist freilich historisch so fest eingefahren, daß es den meisten schwer werden muß, sich von ihr zu trennen. Dennoch liegen keinerlei Erfahrungen vor, die die Lokalisation erweisen. Durch Vitalfärbung läßt sich die Anwesenheit lösender Lipoide im Gesamtplasma zur Anschauung bringen (vgl. z. B. HÖFLER 1953b). Man wird dem stabilen Eiweiß-Lipoidkomplex (DRAWERT), der das Binnenplasma aufbaut, die aktiven Lösungseigenschaften zuschreiben, die im Permeabilitätsverhalten der Zelle zum Ausdruck kommen. Auch die modernsten elektronenmikroskopischen Zytoplasmauntersuchungen (STRUGGER 1957) lassen, nach Erfassung der Cytonemata, Fasciculae und Asteroiden, das Grundzytoplasma als elektronenoptisch homogene Phase bestehen. Dieses wird als Lösungsmittel in Anspruch genommen.

Die Löslichkeitstheorien der Permeabilität finden erst dann ihr reales anatomisches Substrat, wenn man Abstand nimmt von der historisch überkommenen, durch Versuche in keiner Weise gestützten Vorstellung, daß die als Lipoidlösungsmittel in Betracht kommenden Plasmaphasen in den Grenzschichten (die ja sogar als wenige Molekülllagen dick gedacht werden) lokalisiert seien, und dafür das Gesamtzytoplasma in die Rolle des Lösungsmittels einsetzt.

Dagegen dürfte für die meisten kleinmolaren, den Wasserweg (Porenweg) benützenden Diosmotika das Plasmalemma der Ort stärksten Penetrationswiderstandes sein, wenn auch eine endgültige oder verallgemeinernde Aussage in dieser Hinsicht verfrüht wäre. Daß das Wasser beim Durchtritt durchs Plasma nicht allein im Plasmalemma und Tonoplasten, sondern im Gesamtplasma seinen Widerstand findet, glaube ich (1949, vgl. 1950/1954) an einem bestimmten Beispiel bewiesen zu haben.

Zum Abschluß noch folgender Hinweis. Man begegnet oft der Meinung, die Lipoidfilter-Theorie sei bloß eine Modifikation der alten OVERTONschen Lipoidtheorie. Es ist hier der Ort, zu betonen, wie sehr bei dieser modernsten Theorie auch das Ultrafilter-Prinzip zur Geltung kommt. Ist doch die klassische Vorstellung von der Semipermeabilität des lebenden Protoplasmas heute dahin zu modifizieren, daß das Wasser *und* mit ihm alle kleinmolaren Stoffe — zumindest bis zur Größe des Formamids — durch alle Plasmen relativ leicht permeieren, eben weil ihnen der Wasserweg offensteht, der nicht gangbar für die größermolaren Verbindungen ist. Diese können — wo sichs um „passive", nach dem FICKschen

Gesetz erfolgende Permeation handelt — nur nach Maßgabe ihrer Lipoidlöslichkeit das Plasma durchdringen. Mit dieser Erkenntnis hat die OVERTONsche Lipoidtheorie, wie bekannt, der Stoffwechselphysiologie ein neues Erklärungsprinzip gebracht, dessen reale Geltung heute bewiesen ist. Das begriffliche Erbe der alten Semipermeabilität aber hat die nur für die kleinen Moleküle bestehende „Poren"-Permeabilität des Protoplasmas übernommen.

Literaturverzeichnis.

ALCER, G., 1956: Zur Aufnahme von Harnstoff und Glyzerin durch die Pflanzenzelle in Abhängigkeit von der Acidität der Außenlösung und des Zellsaftes. Protoplasma *47*, 77.

ARISZ, W. H. and VAN DIJK, P. J. S., 1939: The value of plasmolytic methods for the demonstration of the active asparagine intake by Vallisneria leaves. Proc. Kon. Ned. Akad. Wet. *42*, 820.

BÄRLUND, H., 1929: Permeabilitätsstudien an Epidermiszellen von *Rhoeo discolor*. Acta bot. Fenn. *5*, 1.

BENNET-CLARK, T. A. and BEXON, D., 1946: Water relations of plant cells IV. Diffusion effects observed in plasmolysed tissues. New Phytologist *45*, 5.

BIEBL, R., 1948: Permeabilitätsversuche an der Kartoffelpflanze. Österr. Bot. Zeitschr. *95*, 129.

BOCHSLER, A., 1948: Die Wasserpermeabilität des Protoplasmas auf Grund des Fickschen Diffusionsgesetzes. Ber. d. Schweiz. Bot. Ges. *58*, 73.

BOGEN, H. J., 1938: Untersuchungen zu den „spezifischen Permeabilitätsreihen" HÖFLERS. II. Harnstoff und Glyzerin. Planta *28*, 535.

— 1950: Kritische Untersuchungen über Permeabilitätsreihen. Planta *38*, 65.

— 1953: Beiträge zur Physiologie der nichtosmotischen Wasseraufnahme. Planta *42*, 140.

— 1956a: Nichtosmotische Aufnahme von Wasser und gelösten Anelektrolyten. Ber. d. d. bot. Ges. *69*, 202.

— 1956b: Stoffaustausch. Einführung, Begriffsbestimmung: Permeabilität, nichtdiosmotische Stoffaufnahme und -abgabe. Ruhlands Handb. d. Pflanzenphysiologie, Bd. II, 116.

— 1956c: Die Aufnahme der Anelektrolyte. Ebd. 230.

— 1956d: Objekttypen der Permeabilität. Ebd. 426.

— 1956e: Die Theorie der Permeabilität. Ebd. 439.

— und FOLLMANN, G., 1955: Osmotische und nichtosmotische Stoffaufnahme bei Diatomeen. Planta *45*, 125.

— und PRELL, H., 1953: Messung nichtosmotischer Wasseraufnahme an plasmolysierten Protoplasten. Planta *41*, 459.

CASARI, K., 1953: Über den Plasmolytikumwechsel-Effekt. Protoplasma *42*, 427.

COLLANDER, R., 1925: Über die Durchlässigkeit der Kupferferrocyanidmembran für Säuren, nebst Bemerkungen zur Ultrafilterfunktion des Protoplasmas. Kolloidchem. Beihefte *20*, 273.

COLLANDER, 1947: On „Lipoid Solubility". Acta Physiol. Scand. *13*, 363.
— 1949: The permeability of plant protoplasts to small molecules. Physiologia Plantarum *2*, 300.
— 1950a: The permeability of *Nitella* cells to rapidly penetrating nonelectrolytes. Ebd. *3*, 45.
— 1950b: The distribution of organic compounds between iso-butanol and water. Acta Chem. Scand. *4*, 1085.
— 1951: The partition of organic compounds between higher alcohols and water. Ebd. *5*, 774.
— 1954: The permeability of *Nitella* cells to non-electrolytes. Physiologia Plantarum *7*, 420.
— 1956a: Methoden zur Messung des Stoffaustausches. Ruhlands Handb. d. Pflanzenphysiologie, Bd. II, 196.
— 1956b: Der Ort des Penetrationswiderstandes. Ebd. 218.
— 1957: Permeability of plant cells. Ann. Rev. of plant physiology *8*, 335.
— und BÄRLUND, H., 1926: Über die Protoplasmapermeabilität von *Rhoeo discolor*. Soc. Scient. Fenn. Comm. Biol. *2*, Nr. 9.
— und BÄRLUND, H., 1933: Permeabilitätsstudien an *Chara ceratophylla*. II. Die Permeabilität für Nichtelektrolyte. Acta bot. Fenn. *11*, 1.
— LÖNEGREN, H. und ARHIMO, E., 1943: Das Permeationsvermögen eines basischen Farbstoffes mit demjenigen einiger Anelektrolyte verglichen. Protoplasma *37*, 527.
— und WIKSTRÖM, B., 1949: Die Permeabilität pflanzlicher Protoplasten für Harnstoff und Alkylharnstoffe. Physiologia Plantarum *2*, 235.
DANGEARD, P. A., 1916: Nouvelles recherches sur le système vacuolaire. Bull. soc. bot. Fr. *73*.
DANIELLI, J. F., 1952: Structural factors in cell permeability and in secretion. Symposia Soc. Exper. Biol. *6*, 1.
DAVSON, H. and DANIELLI, J. F., 1943: The permeability of natural membranes. Cambridge.
DRAWERT, H., 1948a: Zur Frage der Stoffaufnahme durch die lebende pflanzliche Zelle. V. Zur Theorie der Aufnahme basischer Stoffe. Zeitschr. f. Naturforschung *3b*, 111.
— 1948b: Desgl. IV. Der Einfluß der Wasserstoffionenkonzentration des Zellsaftes und des Außenmediums auf die Harnstoffaufnahme. Planta *35*, 579.
— 1956: Stoffaufnahme und innerer p_H-Wert. Ruhlands Handb. d. Pflanzenphysiologie, Bd. II, 409.
ELO, J. E., 1937: Vergleichende Permeabilitätsstudien. Ann. Bot. Soc. Zool.-Bot. Fenn. *8*, No. 6.
FITTING, H., 1915: Untersuchungen über die Aufnahme von Salzen in die lebende Zelle. Jahrb. f. wiss. Bot. *56*, 1.
— 1919: Untersuchungen über die Aufnahme und über anomale osmotische Koeffizienten von Glyzerin und Harnstoff. Ebd. *59*, 1.
GERM, H., 1932/33: Untersuchungen über die systrophische Inhaltsverlagerung in Pflanzenzellen nach Plasmolyse. I—III. Protoplasma *14*, 566, *17*, 509, *18*, 260.
HAAS, J., 1955: Physiologie der Zelle. Berlin-Nikolassee.

HIRTH, L., 1944: Étude de l'influence de la température sur la pénétration de diverses substances dans les cellules de la gaine foliaire de Ranunculus repens. Diplome d'Etudes superieures. Ed. Scient. Riber, Paris.

HÖBER, R., 1926: Physikalische Chemie der Zelle und der Gewebe, 6. Aufl. Leipzig.

HÖFLER, K., 1918a: Eine plasmolytisch-volumetrische Methode zur Bestimmung des osmotischen Wertes von Pflanzenzellen. Denkschr. Kais. Akad. Wiss. Wien, math.-nat. Kl. *95*, 98.

— 1918b: Permeabilitätsbestimmung nach der plasmometrischen Methode. Ber. d. d. bot. Ges. *36*, 414.

— 1926: Über die Zuckerpermeabilität plasmolysierter Protoplaste. Planta *2*, 454.

— 1930: Über Eintritts- und Rückgangsgeschwindigkeit der Plasmolyse und eine Methode zur Bestimmung der Wasserpermeabilität des Protoplasten. Jahrb. f. wiss. Bot. *73*, 300.

— 1931: Das Permeabilitätsproblem und seine anatomischen Grundlagen. Ber. d. d. bot. Ges. *49* (79).

— 1934: Permeabilitätsstudien an Stengelzellen von *Majanthemum bifolium* (Zur Kenntnis spezifischer Permeabilitätsreihen I). Sitzungsber. Akad. Wiss. Wien, math.-nat. Kl. *143*, 213.

— 1934b: Neuere Ergebnisse der vergleichenden Permeabilitätsforschung. Ber. d. d. bot. Ges. *52*, 355.

— 1936: Permeabilitätsunterschiede in verschiedenen Geweben einer Pflanze. Mikrochemie (Molisch-Festschrift), S. 224.

— 1937: Spezifische Permeabilitätsreihen verschiedener Zellsorten derselben Pflanze. Ber. d. d. bot. Ges. *55* (133).

— 1942: Unsere derzeitige Kenntnis von den spezifischen Permeabilitätsreihen. Ebd. *60*, 179.

— 1949: Über Wasser- und Harnstoffpermeabilität des Protoplasmas. Phyton *1*, 105.

— 1950: New facts on water permeability. Protoplasma *39*, 677.

— 1950/1954: New facts on water permeability (with discussion). Proc. VII. Internat. Bot. Congress, Stockholm, p. 737.

— 1953a: Zur Kenntnis der Plasmahautschichten. Ber. d. d. bot. Ges. *65*, 391.

— 1953b: Zur Vital- und Fluoreszenzfärbung. Ebd. *66*, 453.

— und STIEGLER, A., 1921: Ein auffälliger Permeabilitätsversuch in Harnstofflösung. Ebd. *39*, 157.

— und STIEGLER, A., 1930: Permeabilitätsverteilung in verschiedenen Geweben der Pflanze. Protoplasma *9*, 469.

— und URL, W., 1958: Kann man osmotische Werte plasmolytisch bestimmen? Ber. d. d. bot. Ges. *70*, 462.

— URL, W. und DISKUS, A., 1956: Zellphysiologische Versuche und Beobachtungen an Algen der Lagune von Venedig. Boll. Mus. Civ. Venezia IX, 63.

— und WEBER, F., 1926: Die Wirkung der Äthernarkose auf die Harnstoffpermeabilität von Pflanzenzellen. Jahrb. f. wiss. Bot. *65*, 643.

HOFMEISTER, L., 1935: Vergleichende Untersuchungen über spezifische Permeabilitätsreihen. Bibliotheca Botanica, Heft 113.

HOFMEISTER, L., 1938: Verschiedene Permeabilitätsreihen bei einer und derselben Zellsorte von *Ranunculus repens*. Jahrb. f. wiss. Bot. *86*, 401.

— 1942: Die Permeabilität pflanzlichen Protoplasmas für Anelektrolyte. Tabulae biologicae VIII, 263.

— 1948: Über Permeabilitätsbestimmung nach der Deplasmolysezeit. Sitzungsber. Österr. Akad. Wiss., math.-nat. Kl., Abt. I, *157*, 83.

HUBER, B. und HÖFLER, K., 1930: Die Wasserpermeabilität des Protoplasmas. Jahrb. f. wiss. Bot. *73*, 351.

— und SCHMIDT, H., 1933: Plasmolyse und Permeabilität. Protoplasma *20*, 203.

ILJIN, W. S., 1922: Wirkung der Kationen von Salzen auf den Zerfall und die Bildung von Stärke in der Pflanze. Biochem. Zeitschr. *132*, 494.

— 1923: Die Permeabilität des Plasmas für Salze und die Anatonose. Stud. plant. physiol. labor. of Prague Univ. *1*, 1.

— 1924: Über den Abbau der Stärke durch Salze. Biochem. Zeitschr. *145*, 14.

KACZMAREK, A., 1929: Untersuchungen über Plasmolyse und Deplasmolyse in Abhängigkeit von der Wasserstoffionenkonzentration. Protoplasma *6*, 209.

KLEBS, G., 1888: Beiträge zur Physiologie der Pflanzenzelle. Unters. Bot. Inst. Tübingen *2*, 489.

KREBS, I., 1952: Beiträge zur Kenntnis des Desmidiaceen-Protoplasten. III. Permeabilität für Nichtleiter. Sitzungsber. Österr. Akad. Wiss., math.-nat. Kl., Abt. I, *161*, 291.

KREUZ, J., 1941: Der Einfluß von Calzium- und Kalium-Salzen auf die Permeabilität des Protoplasmas für Harnstoff und Glycerin. Österr. Bot. Zeitschr. *90*, 1.

LENK, I., 1953: Über die Plasmapermeabilität einer *Spirogyra* in verschiedenen Entwicklungsstadien und zu verschiedener Jahreszeit. Sitzungsber. Österr. Akad. Wiss., math.-nat. Kl., Abt. I, *162*, 235.

— 1956: Vergleichende Permeabilitätsstudien an Süßwasseralgen (Zygnemataceen und einigen Chlorophyceen). Ebd. *165*, 173.

LEPESCHKIN, W. W., 1924: Kolloidchemie des Protoplasmas. 1. Aufl. Springer. Berlin.

MARKLUND, G., 1936: Vergleichende Permeabilitätsstudien an pflanzlichen Protoplasten. Acta bot. Fenn. *18*, 1.

OVERTON, E., 1895: Über die osmotischen Eigenschaften der lebenden Pflanzen- und Thierzelle. Vierteljahrsschr. d. Naturf. Ges. Zürich *40*, 159.

— 1899: Über die allgemeinen osmotischen Eigenschaften der Zelle, ihre vermutlichen Ursachen und ihre Bedeutung für die Physiologie. Ebd. *44*, 88.

— 1902: Beiträge zur allgemeinen Muskel- und Nervenphysiologie. Pflügers Archiv *92*, 115.

PECKSIEDER, M. E., 1947: Permeabilitätsstudien an Lebermoosen. Sitzungsber. Österr. Akad. Wiss., math.-nat. Kl., Abt. I, *156*, 521.

PIRSON, A. und SEIDEL, F., 1950: Zell- und stoffwechselphysiologische Untersuchungen an der Wurzel von *Lemna minor* L. unter besonderer Berücksichtigung von Kalium- und Kalziummangel. Planta *38*, 431.

PRELL, H., 1952: Untersuchungen über die Aufnahme von Anelektrolyten in Zellen di- und polyploider Pflanzen. Planta *40*, 480.

Prell, H., 1955a: Die Wasserbilanz plasmolysierter Protoplaste. Ebd. *46*, 272.
— 1955b: Die nichtosmotische Harnstoffaufnahme und ihre Beziehung zur Wasserbilanz plasmolysierter Zellen. Ebd. *46*, 361.
Reuter, L., 1955: Protoplasmatische Pflanzenanatomie. Protoplasmatologia, Bd. IX/2. Wien.
Rosenberg, Th. und Wilbrandt, W., 1952: Enzymatic processes in cell membrane. Internat. Rev. Cytol. *1*, 65.
Rottenburg, W., 1943: Die Plasmapermeabilität für Harnstoff und Glyzerin in ihrer Abhängigkeit von der Wasserstoffionenkonzentration. Flora *137*, 230.
Ruhland, W., 1908: Beiträge zur Kenntnis der Permeabilität der Plasmahaut. Jahrb. f. wiss. Bot. *46*, 1.
— und Heilmann, U., 1951: Über die Permeabilität von *Beggiatoa mirabilis* für Anelektrolyte bei Narkose mit den homologen Alkoholen C_1-C_9. Als Beitrag zur Ultrafiltertheorie. Planta *39*, 91.
— und Hoffmann, C., 1926: Die Permeabilität von *Beggiatoa mirabilis*. Ein Beitrag zur Ultrafiltertheorie des Plasmas. Planta *1*, 1.
Rysselberghe, F. van, 1898: Réaction osmotique des cellules végétales à la concentration du milieu. Mèm. couronn. Acad. royale des sciences de Belgique *58*, 1.
Scarth, G. W., 1939: Estimation of protoplasmatic permeability from plasmolytic tests. Plant Physiology *14*, 129.
Schmidt, H., 1936: Plasmolyse und Permeabilität. Jahrb. f. wiss. Bot. *83*, 470.
Seemann, F., 1950: Der Einfluß der Wärme und UV-Bestrahlung auf die Wasserpermeabilität des Protoplasmas. Protoplasma *39*, 535.
Stadelmann, E., 1951: Eine verbesserte Durchströmungskammer. Protoplasma *40*, 617.
— 1952: Zur Messung der Stoffpermeabilität pflanzlicher Protoplasten II, Sitzungsber. Österr. Akad. Wiss., math.-nat. Kl., Abt. I, *161*, 373.
— 1956a: Plasmolyse und Deplasmolyse. Ruhlands Handb. d. Pflanzenphysiologie, Bd. II, 71.
— 1956b: Mathematische Analyse experimenteller Ergebnisse: Gewinnung der Permeabilitätskonstanten, Stoffaufnahme- und -abgabewerte. Ebd. 139.
— 1958: Zur Permeabilität der Epidermiszellen von *Carduncellus eriocephalus*. Protoplasma *50*, 51.
Strugger, S., 1949: Praktikum der Zell- und Gewebephysiologie der Pflanze. Berlin-Göttingen-Heidelberg. 2. Aufl.
— 1957: Schraubig gewundene Fäden als sublichtmikroskopische Strukturelemente des Cytoplasmas. Ber. d. d. bot. Ges. *70*, 91.
Toivonen, S., 1934: Über die Alkoholpermeabilität der Epidermisprotoplasten von *Allium cepa* L. Ann. bot. Soc. zool.-bot. Fenn. *5*, No. 1.
Url, W., 1951: Permeabilitätsverteilung in den Zellen des Stengels von *Taraxacum officinale* und anderer krautiger Pflanzen. Protoplasma *40*, 475.
— 1952: Permeabilitätsstudien mit Fettsäureamiden. Ebd. *41*, 287.
— 1958: Die Wirkung von Stoffwechselgiften auf die Permeabilität von *Blechnum spicant*-Zellen. Sitzungsber. Österr. Akad. Wiss., math.-nat. Kl., Abt. I, *167*, 296.

DE VRIES, H., 1871: Sur la perméabilité du protoplasme des betteraves rouges. Arch. néerland. *6*, 117, und Opera e periodicis coll. I, 86.

— 1885: Plasmolytische Studien über die Wand der Vacuolen. Jahrb. f. wiss. Bot. *16*, 465, und Opera e periodicis coll. II, 321.

— 1889: Über die Permeabilität der Protoplaste für Harnstoff. Botan. Zeitung *47*, 309, 325; und Opera, Bd. II, 553.

WARTIOVAARA, V., 1942: Über die Temperaturabhängigkeit der Protoplasmapermeabilität. Ann. bot. Soc. zool.-bot. Fenn. *16*, 1.

— 1949: The permeability of the plasma membranes of *Nitella* to normal primary alcohols at low and intermediate temperatures. Physiologia Plantarum *2*, 184.

— 1956: Die Abhängigkeit des Stoffaustausches von der Temperatur. Ruhlands Handb. d. Pflanzenphysiologie, Bd. II, 369.

— und TIKKANEN, R., 1951: Zur Permeation des Harnstoffs in Pflanzenzellen. Ann. bot. Soc. zool.-bot. Fenn. *6*, 19.

WEBER, F., 1929: Plasmolyse-Ort. Protoplasma *7*, 583.

— 1932a: Harnstoffpermeabilität ungleich alter Stomata-Zellen. Ebd. *14*, 75.

— 1932b: Plasmolyse-Resistenz und -Permeabilität bei Narkose. Protoplasma *14*, 179.

— 1932c: Gallensalzwirkung und Plasmolysepermeabilität. Ebd. *17*, 102.

— und HOHENEGGER, H., 1923: Reversible Viscositätserhöhung des Protoplasmas bei Kälte. Ber. d. d. bot. Ges. *41*, 198.

WILBRANDT, W., 1931: Vergleichende Untersuchungen über die Permeabilität pflanzlicher Protoplasten für Anelektrolyte. Pflügers Archiv *229*, 86.

ZEHETNER, H., 1934: Untersuchungen über die Alkoholpermeabilität des Protoplasmas. Jahrb. f. wiss. Bot. *80*, 505.

ZICKEL, I., 1955: Untersuchungen über zellphysiologische Reaktionen verschieden alter Zellen. Zeitschr. f. Bot. *43*, 73.

Die in den Sitzungsberichten Abtlg. I und Abtlg. IIa der math.-nat. Klasse der Österr. Ak. d. Wiss. erscheinenden Abhandlungen werden auch einzeln abgegeben. Sie können durch jede Buchhandlung oder direkt durch die Auslieferungsstelle der Österreichischen Akademie der Wissenschaften (Wien I, Singerstraße 12) bezogen werden.

Nachfolgende Abhandlungen aus dem Fach der **Zoologie** sind erschienen:

1955 (S I Bd. 164):

Brehm V.: Niphargus-Probleme (mit 42 Textabbildungen). S 24.80

Gickelhorn J.: Wissenschaftsgeschichtliche Notizen zu den Studien von S. Syrski (1874) und S. Freud (1877) über männliche Flußaale S 12.80

Hansl N R.: Atmungsenzymsysteme von Avena in ihrer Beziehung zum Wachstum (mit 6 Textabbildungen). S 15.10

Hicker R.: Die Ergebnisse der Österreichischen Iran-Expedition 1949/50. Coleoptera VI. Teil. Malacodermata (mit 4 Textabbildungen). S 3.20

Kühnelt W.: Typen des Wasserhaushaltes der Tiere. S 8.70

Löffler H.: Die Boeckelliden Perus. Ergebnis der Expedition Brundin und der Andenkundfahrt unter Prof. Dr. Kinzl 1953/54 (mit 31 Textabbildungen). S 15.90

Nemenz H.: Über den Bau der Kutikula und dessen Einfluß auf die Wasserabgabe bei Spinnen (mit 2 Textabbildungen und 1 Tafel). S 8.80

Wawrik Friederike: Hochgebirgs-Kleingewässer im Arlberggebiet II (mit 3 Textabbildungen und 2 Tafeln). S 24.80

Wawrik Friederike: Waldviertler Fischteiche I. (mit 5 Textabbildungen und 2 Tafeln). S 17.80

Wettstein-Westerheim O.: Die Fauna der miozänen Spaltenfüllung von Neudorf an der March (ČSR.) Amphibia (Anura) et Reptilia (mit 2 Tafeln). S 10.60

1956 (S I Bd. 165):

Beier M. und Strouhal H.: Zoologische Studien in Westgriechenland. VI. Teil: Ispoda terrestria, II: Armadillidiidae (mit 54 Textabbildungen). S 31.—

Beier M. und Wagner E.: Zoologische Studien in Westgriechenland. V. Teil: Hemiptera-Heteroptera (mit 10 Textabbildungen). S 24.60

Brehm V.: Beiträge zur Kenntnis der Quell- und Subterranfauna des Lunzer Gebietes (mit 5 Textabbildungen). S 8.30

Brehm V.: Bemerkungen zu einigen neueren Cladocerenfunden aus Amerika (mit 2 Textabbildungen). S 9.—

Brehm V.: Über einige Entomastraken Südamerikas (mit 7 Textabbildungen). S 8.50

Janczyk F. St. W.: Anatomie von Siro duricorius Joseph im Vergleich mit anderen Opilioniden (mit 28 Textabbildungen). S 40.—

Mathes Ingeborg: Zur systematischen Stellung der Gattung Platyarthus Brandt (mit 9 Textabbildungen). S 10.50

Medwenitsch W.: Zur Geologie Vardarisch-Makedoniens (Jugoslawien) zum Problem der Pelagoniden (mit 11 Abbildungen im Text und auf 2 Tafeln und 2 Beilagen). S 51.—

Schiller J.: Untersuchungen an den planktischen Protophyten des Neusiedler Sees 1950—1954 III. Teil: Euglenen (mit 70 Abbildungen auf 15 Tafeln). S 47.80

1957 (S I Bd. 166):

Janetschek H. und Steiner W.: Zoologisch-systematische Ergebnisse der Studienreise in die spanische Sierra Nevada 1954.
- Janetschek H.: I. Einführung. S 2.80
- Wagner E.: II. Einige neue Heteropteren (mit 26 Textabbildungen). S 7.60
- Lengersdorf F.: III. Neue Lycoriiden (Sciariden) (Ins., Diptera) (mit 1 Textabbildung). S 3.—
- Schmitz H. S. J.: IV. Phoridae (Diptera) (mit 5 Textabbildungen und 3 Tafeln). S 18.10
- Priesner H.: V. Thysanoptera.
- Roudier A.: VI. Drei neue Curculioniden-Arten (Coleoptera) (mit 1 Textabbildung). S 10.—
- Denis J.: VII. Araneae (mit 23 Textabbildungen und 1 Tafel). S 31.50
- Scheller U.: VII. Symphyla. S 3.—

Kühnelt W.: Ergebnisse der Österreichischen Iran-Expedition 1949/50. Die Tenebrioniden Irans (mit 1 Tafel). S 33.20

Kühnelt W.: Weiß als Strukturfarbe bei Wüstentenebrioniden (mit einem Beitrag von C. Koch, Pretoria) (mit 1 Tafel). S 8.60

Starmühlner F.: Ergebnisse der Österreichischen Island-Expedition 1955. Zur Individuendichte und Formänderung von Lymnaea peregra Müller in isländischen Thermalbiotopen (mit 7 Textabbildungen und 2 Tafeln). S 46.80

Starmühlner F.: Ergebnisse der Österreichischen Iran-Expedition 1949/50. Beiträge zur Kenntnis der Molluskenfauna des Iran, und Edlauer A.: Konchyliologische Bestimmungen und Beschreibungen (mit 17 Textabbildungen, 3 Tafeln und 1 Beilage).

Tollmann A.: Die Mikrofauna des Burdigal von Eggenburg (Niederösterreich) (mit 2 Textabbildungen 7 Tafeln und 2 Tabellen). S 45.90

Wettstein O.: Nachtrag zu meiner Nerpetologia aegaea (mit 2 Textabbildungen und 8 Tafeln). S 56.60